电气控制与 PLC 应用
（第 2 版）（活页式）

主 编 ◎ 耿奎 陈阳 濮琼

西南交通大学出版社
·成都·

图书在版编目（CIP）数据

电气控制与 PLC 应用：活页式 / 耿奎，陈阳，濮琼主编. —2 版. —成都：西南交通大学出版社，2021.8
ISBN 978-7-5643-8190-5

Ⅰ. ①电… Ⅱ. ①耿… ②陈… ③濮… Ⅲ. ①电气控制–高等职业教育–教材②PLC 技术–高等职业教育–教材 Ⅳ. ①TM571.2②TM571.6

中国版本图书馆 CIP 数据核字（2021）第 161181 号

Dianqi Kongzhi yu PLC Yingyong

电气控制与 PLC 应用
（第 2 版）（活页式）

主编　耿　奎　陈　阳　濮　琼

责任编辑	黄庆斌
封面设计	何东琳设计工作室
出版发行	西南交通大学出版社
	（四川省成都市金牛区二环路北一段 111 号
	西南交通大学创新大厦 21 楼）
邮政编码	610031
发行部电话	028-87600564　028-87600533
网址	http://www.xnjdcbs.com
印刷	四川玖艺呈现印刷有限公司
成品尺寸	185 mm×260 mm
印张	11
字数	246 千
版次	2012 年 3 月第 1 版
	2021 年 8 月第 2 版
印次	2021 年 8 月第 9 次
定价	39.00 元
书号	ISBN 978-7-5643-8190-5

课件咨询电话：028-81435775
图书如有印装质量问题　本社负责退换
版权所有　盗版必究　举报电话：028-87600562

前言
PREFACE

2019年2月，国务院印发《国家职业教育改革实施方案》（职教20条），进一步明确了职业教育在我国教育体系中的重要地位，提出了深化职业教育改革的路线图、时间表、任务书。文件明确要求："健全专业教学资源库，建立共建共享平台的资源认证标准和交易机制，进一步扩大优质资源覆盖面。遴选认定一大批职业教育在线精品课程，建设一大批校企'双元'合作开发的国家规划教材，倡导使用新型活页式、工作手册式教材并配套开发信息化资源……适应'互联网+职业教育'发展需求，运用现代信息技术改进教学方式方法，推进虚拟工厂等网络学习空间建设和普遍应用。"2019年10月，教育部启动"十三五"职教国家规划教材建设工作，在《关于组织开展"十三五"职业教育国家规划教材建设工作的通知》（教职成司函〔2019〕94号）中提出："进一步完善教材编写、审核、选用、更新、管理和服务机制，健全制度体系。建设一大批校企'双元'合作开发的优质教材，倡导使用新型活页式、工作手册式教材并配套开发信息化资源。"2019年12月，教育部印发《职业院校教材管理办法》，倡导及时吸收比较成熟的新技术、新工艺、新规范等，开发活页式、工作手册式新形态教材。新形态教材的建设与普及，被提到一个极为重要的位置。

新形态教材，是以纸质教材为核心，数字化资源、数字课程开发应用相结合的新型教材。它以课程建设为中心，承载了课程建设的所有资源，为教师提供"一条龙"服务，是课程标准、教学计划、课件、习题及答案、模拟试卷、题库、微课、动画等的集合。它满足了信息时代泛在学习需要，广泛适应当下混合式教学、在线学习等泛在教学模式，适应"互联网+职业教育"发展需求，回应"现代信息技术改进教学方式方法"的政策关切，充分发挥了数字化资源价值，实现了教材内容与数字资源建设一体化、教材编写与课程开发一体化、教学与学习过程一体化。

进行新形态教材开发，是现代职业教育教学改革创新的需要，是推进产教融合、专业融合、课程与教学融合的需要，是技术、新工艺、新规范融入教学的需要，是职教云、云课堂等教学工具深入课堂，各类专业教学资源库、精品在线课程建设所带来的海量数字资源应用的需要，是信息技术进步进而在现实场景中深化运用的必然结果。湖北铁道运输职业学院近年来积极结合深化高职院校教育教学改革的诸多要求，紧密联系湖北铁道运输职业学院专业特色和校情实际，结合新时期高职在校学生特点，贴合其学习能力、阅读习惯、学习目标、接受习惯等，推动新形态教材开发与建设。

本教材根据高职高专"电气控制与PLC应用"课程学习大纲，结合高职教育特点，遵循"重视基础知识，理论够用为度，突出技能培训，重在工程应用"的编写原则，力求做到知识系统，概念清晰，重点突出，通俗易懂，便于自学。全书分五个项目。其中项目一、二主要介绍了常用低压电器的认识和选用、基本电气控制电路的分析与接线、电路分析与故障诊断等知识。项目三至五介绍了可编程序控制器及其工作原理，以西门子公司S7-200系列PLC为例，介绍了可编程序控制器结构原理、指令系统、编程设计方法及其应用调试等知识。每个项目都包含若干任务，各任务中均设计了项目实施环节，重点培养学生的实训技能。在学习、使用本书过程中，并非全部内容都要讲解，各学校可根据不同专业、课时多少进行删减，有些内容和实例可安排在电气实训、课程设计中进行。

本书特色是每个任务都按照学习目标、任务导入、相关知识、任务实施、拓展知识及习题与思考题等循序渐进的方式由浅入深地编排，使学生容易理解、掌握，并提高技能，同时达到开阔视野和创新思维的效果。

本书由湖北铁道运输职业学院耿奎任第一主编，陈阳、濮琼任第二、三主编。具体编写分工如下：濮琼编写项目一；陈阳编写项目二、三；耿奎编写项目四、五；全书由耿奎统稿、定稿、编辑。本书的出版得到了湖北铁道运输职业学院领导及同事的大力支持，在此一并谨致诚挚的谢意！

编者

2021年5月

目录
CONTENTS

绪 论 ··· 001

项目一　常用低压电器 ··· 005
　　任务一　熔断器的认识与选用 ·· 005
　　任务二　开关电器及主令电器的认识和选用 ······················ 011
　　任务三　电磁式低压电器的认识和选用 ····························· 023
　　任务四　继电器的认识和选用 ·· 030

项目二　基本电气控制电路的分析与接线 ································ 037
　　任务一　电气控制系统图的识读与接线 ····························· 037
　　任务二　三相鼠笼式异步电动机直接启动控制 ·················· 046
　　任务三　三相鼠笼式异步电动机的降压启动控制 ··············· 055
　　任务四　三相异步电动机的正/反转控制 ··························· 062
　　任务五　三相异步电动机的制动控制 ································· 069
　　任务六　三相异步电动机的调速控制 ································· 074

项目三　可编程序控制器的概述 ··· 078
　　任务一　可编程序控制器的简介 ·· 078
　　任务二　PLC 通用结构及工作原理 ···································· 086

项目四　S7-200 PLC 及其基本指令 ·· 095
　　任务一　S7-200 PLC 的系统配置与接口模块 ···················· 095
　　任务二　S7-200 PLC 的编程语言及数据类型 ···················· 101
　　任务三　S7-200 PLC 的基本指令 ······································· 110

项目五　S7-200 PLC 控制系统的设计与调试 ··························· 149
　　任务一　STEP 7-Micro/WIN 的使用 ································· 149
　　任务二　电动机正反转控制电路 PLC 程序分析与调试 ······ 162
　　任务三　交通信号灯控制系统的设计与调试 ······················ 165

参考文献 ··· 169

绪 论

随着电力电子技术和计算机技术的快速发展及生产工艺要求的不断提高,电气控制技术也进入快速发展的通道,经历了从手动控制到自动控制、从简单控制到复杂控制、从有触点的硬接线控制到以计算机为中心的存储控制的不断变革。现在,电力电子技术和计算机技术已经融入电气控制技术中,使得电气控制技术更加精准、简单。各行业逐渐发现了电气控制技术的可靠、安全、反应快速、节能等优点,所以将其开始引入电气控制系统,小至家用电器,大到航空航天,都广泛地应用了电气控制技术。因此,掌握电气控制技术尤为重要。

一、电器与电气

电器与电气是两个不同的概念,由于在使用中容易混淆,下面对其进行说明:电器是所有电工器械的简称,是指能根据外界施加的信号和要求自动或手动接通和断开电路,断续或连续改变电路参数,并能对电路或非电对象进行切换、控制、保护、检测、变换和调节的电工器械。电器单指设备,如继电器、接触器、互感器、开关、熔断器、变阻器等。电器的控制作用就是手动或自动地接通、断开电路,因此,"分断"和"闭合"是电器最基本、最典型的功能。简言之,电器就是一种能控制电的工具。

电气是电能的生产、传输、分配、使用和电工装备制造等学科或工程领域的统称。它可以理解为以电能、电气设备和电气技术为手段来创造、维持与改善限定空间和环境的一门科学,涵盖电能的转换、利用和研究三方面,包括基础理论、应用技术、设施设备等。电气是广义词,它可指一种行业、一种专业,也可指一种技术,而不是具体指某种产品。

二、电气控制技术概述

电气控制主要分为两大类:一种是传统的以继电器、接触器等为主搭接起来的逻辑电路,即继电-接触器控制;另一种是基于可编程序控制器(Programmable Logic Controller,PLC)的弱电控制强电的系统——PLC控制。

1. 基本概念

(1)继电-接触器控制。

继电-接触器控制技术属于传统电气控制技术。继电-接触器控制系统是由接触器、继电器、主令电器和保护电器等元件用导线按一定的控制逻辑连接而成的系统。它主要采用硬接线逻辑，利用继电器触点的串联或并联，延时继电器的滞后动作等组成控制逻辑，从而实现对电动机或其他机械设备的启动、停止、反向、调速及多台设备的顺序控制和自动保护等功能。

继电-接触器控制系统具有结构简单、控制电路成本低廉、容易维护、抗干扰能力强优点，但这种控制系统采用固定的接线方式，若改变控制方案，则需拆线，重新接线乃至更换元器件。继电-接触器控制所用电器元件体积较大，工作频率低，触点易损坏，可靠性差，控制装置是专用的，通用性差。

（2）PLC 控制。

PLC 控制技术属现代电气控制技术，它是计算机技术与继电-接触器控制技术相结合的控制技术，同时 PC 的输入、输出仍与低压电器密切相关。PLC 控制以微处理技术为核心，综合应用计算机技术、自动控制技术、电子技术以及通信技术等，以软件手段实现各种控制功能。

PLC 控制具有如下优点：

① 可靠性高，抗干扰能力强；

② 适用性强，当需要改变设备的控制功能时，只要修改程序，稍稍修改接线即可完成，应用灵活；

③ 编程方便，易于应用；

④ 功能强大，扩展能力强；

⑤ 系统设计、安装、调试方便；

⑥ 体积小，重量轻，易于实现机电一体化。

但是 PLC 的价格相对继电-接触器控制系统来讲还是比较高的，而且应用 PLC 控制技术还需要一定的电气专业知识和计算机知识，这在一定程度上限制了 PLC 的发展。

上述两种控制技术既有区别又有联系，在进行电气控制设计时，应充分考虑它们各自的优、缺点，选择相应的控制技术，使系统控制效果好、成本低，达到最高的性价比。

继电-接触器控制系统主要用于动作简单、控制规模比较小的电气控制系统中，至今仍是机床和其他许多机械设备广泛采用的电气控制形式，而 PLC 控制系统则用于相对复杂的控制电路，实现设备的简便连接，根据实际要求自动控制设备按程序运行。继电-接触器控制系统在简单控制系统中的经济性方面明显优于 PLC 控制系统，在不太重要的场合可以考虑使用，而可靠性方面 PLC 控制系统则明显优于继电-接触器控制系统。

2．电气控制技术的发展历程

早在 1831 年，英国科学家法拉第发现了电磁感应现象，奠定了发电机的理论基础。科学家们根据这一发现，从 19 世纪 60～70 年代起对电做了深入的探索和研究，出现了一系列电气发明。

1866 年，西门子提出了发电机的工作原理，并由西门子公司的工程师成功研制出了人类第一台具有应用价值的发电机。19 世纪 70 年代，实际可用的发电机问世。这一时期，西门子发明了第一台直流电动机，使电能可以转化为机械能，电力开始用于带动机器，成为补充和取代蒸汽动力的新能源。随后，电灯、电车、电钻、电焊等电气产品如雨后春笋般地涌现出来。

但是，要把电力应用于生产，还必须解决远距离输送问题。1882 年，法国人德普勒发现了远距离送电的方法，美国科学家爱迪生建立了美国第一个火力发电站，把输电线连接成网络。电力是一种优良而价廉的新能源，它的广泛应用，推动了电力工业和电器制造业等一系列新兴工业的迅速发展。

19 世纪末到 20 世纪初为生产机械电力拖动的初期，常以一台电动机拖动多台设备，或者一台电动机拖动一台机床的多个运动部件，称为集中拖动。集中拖动开始于瓦特的蒸汽机时代，一个车间使用一台蒸汽机提供动力，通过天轴、齿轮和传送带系统将动力分配到各个纺织机械。此拖动系统传动机构较为复杂，不能满足生产机械自动控制的需要。随后出现了单机拖动，至 20 世纪 30 年代发展成为分散拖动，即各运动部件分别用不同的电动机拖动，不仅简化了机械传动机构，提高了传动效率，而且也为生产机械各部分选择最合理的运行速度和自动控制创造了良好条件。因此，目前绝大多数生产机械都采用分散控制。

20 世纪 20~30 年代产生了继电-接触器控制，最初采用一些手动控制电器，通过人力操作实现对电动机的控制。后来发展为采用继电器、接触器、主令电器和保护电器等组成的自动控制方式，这种控制方式由操作者发出信号，通过主令电器接通继电器和接触器电路，控制电动机。生产企业为了提高生产效率，采用机械化流水作业的生产方式，对不同类型的产品分别组成生产线。但随着产品的更新换代，生产线承担的加工对象也随之改变，这时就需要改变控制程序，使生产线的机械设备按新的工艺过程运行。由于继电-接触器控制系统采用固定接线方式，若工艺流程改变，则需要重新设计生产线，开发周期长。特别是对于一些大型生产线的控制系统，使用的继电器、接触器等数量较多，降低了系统的可靠性，进行故障检测的难度较大。

20 世纪 60 年代出现了矩阵式顺序控制器和晶体管逻辑控制系统来代替继电-接触器控制系统，它们是以逻辑元件插接方式组成的控制系统，编程简单，系统成本也有所降低。对于复杂的自动控制系统，则采用计算机控制，但其系统复杂，抗干扰能力差，成本高。

1968 年，美国最大的汽车制造商通用汽车公司（GM），为了适应汽车型号不断更新的要求，提出要研制一种新型的工业控制装置来取代继电-接触器控制装置，为此，特拟定了十项公开招标的技术要求，即

（1）编程简单方便，可在现场修改程序。

（2）硬件维护方便，最好是插件式结构。

（3）可靠性要高于继电-接触器控制装置。

（4）体积小于继电-接触器控制装置。

（5）可将数据直接送入管理计算机。

（6）成本上可以与继电器竞争。

（7）输入可以是交流 115 V。

（8）输出为交流 115 V、2 A 以上，能直接驱动电磁阀。

（9）扩展时，原有系统只需做很小改动。

（10）用户程序存储器容量至少可以扩展到 4 KB。

上述技术指标可归纳为四点：
（1）用计算机代替继电器控制盘。
（2）用程序代替硬接线。
（3）输入/输出电平可与外部装置直接相接。
（4）结构易扩展。

根据招标要求，1969年美国数字设备公司（DEC）研制出世界上第一台可编程序控制器PDP14型，并在通用汽车公司自动装配线上试用，获得了成功，从而开创了工业控制时代。从此，可编程序控制器这一新的控制技术迅速发展起来。目前，PLC已作为一种标准化通用设备应用于机械加工、自动机床、木材加工、冶金工业、建筑施工、交通运输、纺织、造纸、化工等行业，对传统的控制系统进行技术改造，使工厂自动控制技术产生了很大的飞跃。

20世纪50年代，自动控制技术的另一分支——数控技术也获得了重要发展，并随着计算机技术的发展而不断完善。数控技术不仅在机床控制中发挥了极大作用，在激光加工机、火焰切割机等设备上也得到了广泛应用，取得了良好效果。

随着社会生产规模的扩大以及工业生产的要求提高，控制手段及控制方式不断进步，控制理论也在不断发展，同时也对电气控制技术提出了更高要求，如能够增加系统运行的可靠性、提高系统的控制性能和产品质量、降低能源及原材料的消耗等。电气控制技术将会在工业自动化中发挥更大作用。

三、课程性质及任务

本课程是一门集电气技术、计算机技术、控制技术等为一体的专业课，具有很强的实践性。本课程的主要内容是以电动机或其他执行电器为控制对象，介绍电气控制的基本原理，讲解典型电气控制电路及其分析设计方法，同时着重介绍PLC的功能、硬件系统、指令系统、编程方法、程序结构与程序设计。此外，本课程还介绍系统故障诊断及PLC控制系统的设计方法，讲解PLC控制系统的工程实例，使读者能更好地理解PLC控制系统工程的设计思想和方法。

继电-接触器控制技术是学习和掌握PLC应用技术必需的基础，学习PLC不能脱离继电-接触器控制。初次接触电气控制，需要先从低压电器入手，掌握它们的结构及工作原理，并学习经典电气控制电路的分析和设计方法，便能更加深刻地理解PLC控制系统。

通过系统、全面地学习本课程，读者应掌握电气控制与PLC技术的理论知识，锻炼并提高设计、管理和维护电气与PLC控制系统的工程技术能力。本课程的任务主要包括：

（1）了解常用低压电器的使用场合，掌握它们的工作原理及其选型方法。
（2）理解常用电气控制电路，掌握经典电气控制电路的分析及设计方法。
（3）掌握PLC的组成和工作原理。
（4）掌握PLC指令系统和经典程序的设计方法。
（5）掌握PLC控制系统的设计方法及其维护方法。

项目一　常用低压电器

任务一　熔断器的认识与选用

> **学习目标**
>
> （1）了解低压电器的概念和分类。
> （2）了解熔断器的分类作用及分类。
> （3）掌握熔断器的工作原理、符号及技术参数。
> （4）能够根据实际需要选择合适的熔断器。

一、任务导入

在工业、农业、交通运输等部门中，广泛使用着各种生产机械，它们大多以电动机为动力进行拖动。为了保证电动机运行的可靠性与安全性，需要许多辅助电气设备为之服务。能够实现某种控制功能的电器组件组合，称为电气控制系统。无论是低压供电系统还是控制生产过程的电力拖动系统，均是由用途不同的各类低压电器组成的。而低压电器将电能转换为其他能量，其过程的控制、调节和保护都是依靠各类接触器和继电器等低压电器来完成的。

熔断器是电网和用电设备中最常用的安全保护电器，具有结构简单、价格低廉、使用方便等优点。熔断器是根据电流的热效应原理工作的，使用时将它串联在被保护的电路中，在正常情况下，熔体相当于一根导线。当发生短路或过载时，通过熔断器的电流很大，由于电流的热效应，使熔体的温度急剧上升，当熔体温度超过熔体的熔点时，熔体熔断而分断电路，从而保护了电路和设备。

二、相关知识

（一）低压电器基本知识

随着科学技术的飞速发展，工业自动化程度的不断提高，供电系统的容量不断扩大，低压电器的使用范围日益扩大、品种规格不断增加、产品的更新换代速度也加快了。

低压电器种类繁多,功能多样,用途广泛,结构各异。按其结构、用途及所控制的对象不同,有多种不同的分类方法。

1. 按电器用途的不同进行分类

按电器的用途可将低压电器分为低压配电电器和低压控制电器两类。

低压配电电器主要是在低压电网或动力装置中,对电路和设备进行保护及通断、转换和分配电能的配电电器,如刀开关、转换开关、空气断路器和熔断器等。配电电器的主要技术要求是断流能力强,限流效果在系统发生故障时保护动作准确,工作可靠,并且还有足够的热稳定性和动稳定性。

低压控制电器主要是在低压电力拖动系统中,对电动机的运行进行控制、调节、检测与保护的控制电器,如接触器、启动器和各种控制继电器等。控制电器的主要技术要求是操作频率高、寿命长,并有相应的转换能力。

2. 按电器操作方式的不同进行分类

按电器操作方式的不同,可将低压电器分为自动电器和手动电器。

自动电器主要是通过电器本身参数的变化或外来信号的作用(如电磁、压缩空气等)来自动完成接通、分断、启动、反向和停止等动作,常用的自动电器有接触器、继电器等。

手动电器主要是依靠外力(如手控)直接操作来进行接通、分断、启动、反向和停止等动作,常用的手动电器有刀开关、转换开关和主令电器等。

3. 按电器执行机构的不同进行分类

按电器执行机构的不同,可将低压电器分为有触点电器和无触点电器。

有触点电器具有可分离的动触点和静触点,利用触点的接触和分离可实现电路的通断控制。

另外,低压电器按工作条件还可划分为一般工业电器、船用电器、化工电器、矿用电器、牵引电器及航空电器等。

我国的低压电器按规定编制型号,共有12大类电器:刀开关和转换开关、熔断器、断路器、控制器、接触器、启动器、控制继电器、主令电器、电阻器、变阻器、调整器、电磁铁。

低压电器由类别代号、组别代号、设计代号、基本规格代号和辅助规格代号等部分组成,每一级代号后面可根据需要加设派生代号,其含义如图1.1所示。

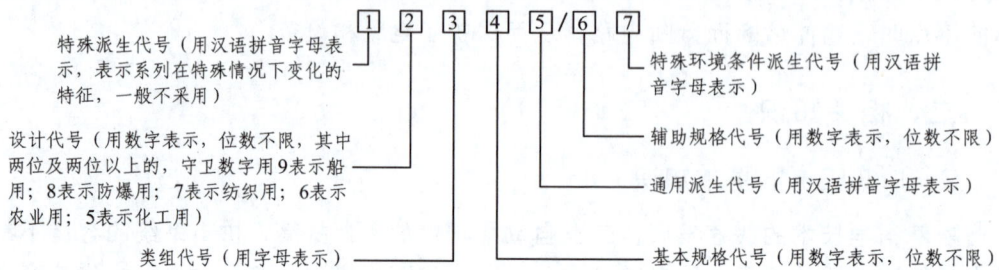

图1.1 低压电器的型号图

类组代号包括类别代号和组别代号,用汉语拼音字母表示,代表低压电器元件所属的类别及同一类电器中所属的级别。设计代号用数字表示,表示同类低压电器元件的不同设计序列。基本规格代号用数字表示,表示同一系列产品中不同的规格品种。辅助规格代号用数字表示,表示同一系列、同一规格产品中的有某种区别的不同产品。特殊环境条件派生代号加注在产品全型号后,代表产品特殊使用环境。

类组代号与设计代号的组合表示产品的系列,一般称为电器的系列号。同一系列电器的用途、工作原理和结构基本相同,而规格、容量则根据需要可以有许多种。例如:JR16是热继电器的系列号,同属这一系列的热继电器的结构、工作原理都相同,但其热元件的额定电流从零点几安培到几十安培,共有十几种规格。其中辅助规格代号为3D的表示有3相热元件,装有差动式断相保护装置,因此能对三相异步电动机有过载和断相保护功能。

(二)熔断器

熔断器又称保险器或保险丝,是低压配电网络和电力拖动中主要用作短路保护的电器。

1. 熔断器的结构原理与主要技术参数

熔断器在结构上主要由熔体、安装熔体的熔管和导电部件组成,如图1.2所示。

熔体是熔断器的主要组成部分,通常做成丝状、片状或栅状,它既是感测元件又是执行元件。熔体的材料通常有两种:一种由铅、铅锡合金或锌等低熔点材料制成,多用于小电流电路;另一种由银、铜等较高熔点的金属制成,多用于大电流电路。

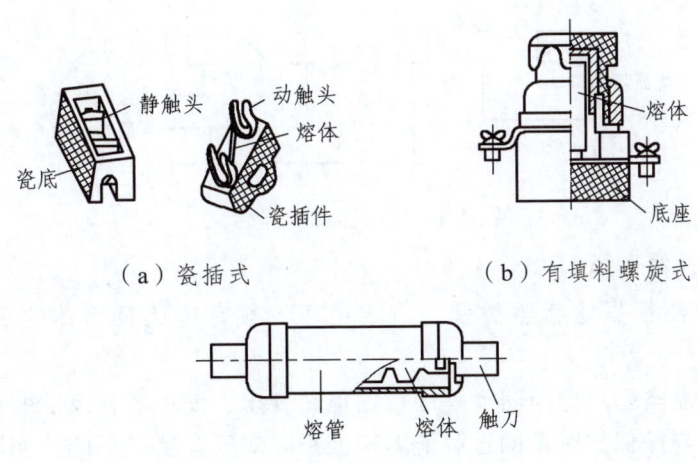

图 1.2 熔断器结构示意图

熔管是熔体的保护外壳,由陶瓷、绝缘钢板或玻璃纤维等耐热材料制成,在熔体熔断时兼有灭弧作用。

熔断器熔体中的电流小于或等于熔体的额定电流时,熔体长期不熔断。当电路发生严重过载时，熔体在较短的时间内熔断；当电路发生短路故障时，熔体在瞬间熔断。熔体的这个特性称为保护特性，如图1.3所示。由于熔体的保护特性是流过熔体的电流与熔体熔断时间的关系，因此又称其为"时间-电流特性"曲线或"安-秒特性"曲线。图中 I_{min} 是最小熔化电流（或称临界电流）；I_N 为熔体额定电流；I_{min} 与 I_N 之比称为熔断器的熔化系数。

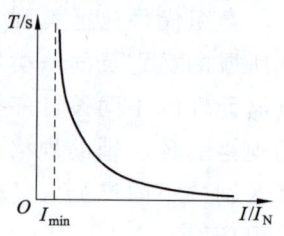

图1.3 熔断器的保护特性

当熔体采用低熔点的金属材料时，熔化时所需热量少，熔化系数小，有利于过载保护，但是其材料电阻率较大，熔体截面面积大，不利于灭弧。如果采用高熔点的金属材料时，熔化时所需热量大，熔化系数大，不利于过载保护，但是其材料电阻率较小，熔体截面面积小，有利于灭弧。所以，对于小电流电路，可采用由铅、铅锡合金或锌等低熔点材料制成的熔体；对于大电流电路，需使用由银、铜等较高熔点金属材料制成的熔体。

熔断器的符号如图1.4所示，其技术参数主要有额定电压、额定电流、分断能力和熔断电流。

2．常用低压熔断器

熔断器的种类较多，根据使用电压的不同可分为高压熔断器和低压熔断器。根据保护对象的不同可分为保护变压器和一般电气设备用的熔断器、保护电压互感器的熔断器、保护电力电容器的熔断器、保护半导体元件的熔断器、保护电动机的熔断器和保护家用电器的熔断器等。根据结构的不同可分为半封闭瓷插式、螺旋式、无填料密封管式和有填料密封管式熔断器。熔断器的型号含义如图1.5所示。

图1.4 熔断器符号

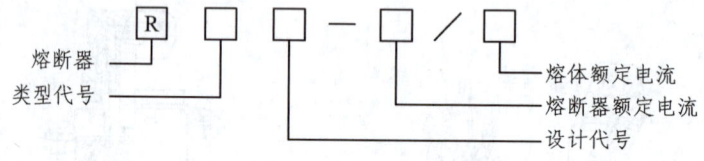

图1.5 熔断器的型号含义

3．熔断器的选择

一般熔断器根据熔断器类型、额定电压、额定电流及熔体的额定电流进行选择。

（1）熔断器类型。熔断器类型应根据电路要求、使用场合及安装条件来选择，其保护特性应与被保护对象的过载能力相匹配。对于容量较小的照明和电动机，一般是考虑它们的过载保护，可选用熔体熔化系数小的熔断器。对于容量较大的照明和电动机，除过载保护外，还应考虑短路时的分断短路电流能力。短路电流较小时，可选用低分断能力的熔断器；短路电流较大时，可选用高分断能力的RL1系列熔断器；短路电流相当大时，可选用有限流作用的RT12系列熔断器。

（2）熔断器额定电压和额定电流。熔断器的额定电压应大于或等于线路的工作电压，额定电流应大于或等于所装熔体的额定电流。

（3）熔断器熔体额定电流。

① 对于照明线路或电热设备等没有冲击电流的负载，应该选择熔体的额定电流等于或稍大于负载的额定电流，即

$$I_{RN} \geqslant I_N$$

式中，I_{RN} 为熔体额定电流（A）；I_N 为负载额定电流（A）。

② 对于长期工作的单台电动机，要考虑电动机启动时不应熔断，即

$$I_{RN} \geqslant (1.5 \sim 2.5)I_N$$

轻载时系数取 1.5，重载时系数取 2.5。

③ 对于频繁启动的单台电动机，在频繁启动时，熔体不应熔断，即

$$I_{RN} \geqslant (3 \sim 3.5)I_N$$

④ 对于多台电动机长期共用一个熔断器，熔体额定电流为

$$I_{RN} \geqslant (1.5 \sim 2.5)I_{Nmax} + I_{NM}$$

式中，I_{Nmax} 为容量最大电动机的额定电流（A）；I_{NM} 表示除容量最大的电动机外，其余电动机的额定电流之和（A）。

⑤ 适用于配电系统的熔断器。在配电系统多级熔断器保护中，为防止越级熔断，使上、下级熔断器间有良好的配合，选用熔断器时应使上一级（干线）熔断器的熔体额定电流比下一级（支线）的熔体额定电流大 1~2 个级差。

（4）快速熔断器的选择步骤如下：

① 快速熔断器的额定电压。快速熔断器的额定电压应大于电源电压，且小于晶闸管的反向峰值电压 U，因为快速熔断器分断电流的瞬间，最高电弧电压可达电源电压的 1.5~2 倍。因此，整流二极管或晶闸管的反向峰值电压必须大于此电压值才能安全工作。即

$$U_F \geqslant K_I U_{RE}$$

式中，U_F 为硅整流元件或晶闸管的反向峰值电压（V）；U_{RE} 为快速熔断器额定电压（V）；K_I 为安全系数，一般取 1.5~2。

② 快速熔断器的额定电流。快速熔断器的额定电流是以有效值表示的，而整流二极管和晶闸管的额定电流是用平均值表示的。当快速熔断器接入交流侧，熔体的额定电流为

$$I_{RN} \geqslant K_I I_{Zmax}$$

式中，I_{Zmax} 为可能使用的最大整流电流（A）；K_I 表示与整流电路形式及导电情况有关的系数。

当快速熔断器接入整流桥臂时,熔体额定电流为

$$I_{RN} \geqslant 1.5 I_{GN}$$

式中,I_{GN} 为硅整流元件或晶闸管的额定电流(A)。

习题与思考题

1. 熔断器的技术参数有哪些?
2. 如何正确选择熔断器?

任务二　开关电器及主令电器的认识和选用

学习目标

（1）了解开关电器和主令电器的概念、分类等。
（2）掌握常用开关电器和主令电器的工作原理及其适用场合。
（3）掌握常用开关的安装与选用方法。

一、任务导入

开关电器主要用于电气线路的电源隔离，也可作为不频繁地接通和分断空载电路或小电流电路之用。常用的有刀开关、转换开关（组合开关）、自动空气开关（空气断路器）等。

主令电器主要用来控制其他自动电器的动作，发出控制"指令"。常用的主令电器有按钮、行程开关、接近开关、万能转换开关等。对这类电器的技术要求是操作频率高，抗冲击，电器和机械寿命长。

二、相关知识

（一）低压开关

低压开关在电路中主要是用于电气隔离、转换、接通和分断。许多机床电路的电源开关和局部照明电路主要是通过低压开关来进行控制。有时用低压开关直接控制小容量电动机的启动、停止、正转和反转。

低压开关一般为手动低压电器，主要是通过手动或其他外力实现接通、分断等操作，常用低压开关主要有刀开关、组合开关和低压断路器。

1．刀开关

刀开关又称为闸刀开关，它是结构最简单、应用最广泛的一种手动低压电器，主要用作电源隔离，也可用来不频繁地接通和分断容量较小的低压配电线路。它主要由绝缘底板、插座、手柄、触头和铰链支座等部分组成，如图1.6所示。

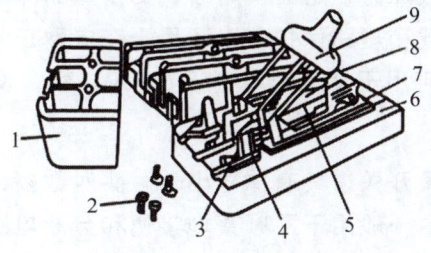

图1.6　刀开关结构

按照极数的多少，刀开关可分为单极、双极和三极三种。刀开关的图形符号如

图 1.7 所示，刀开关型号及含义如图 1.8 所示。

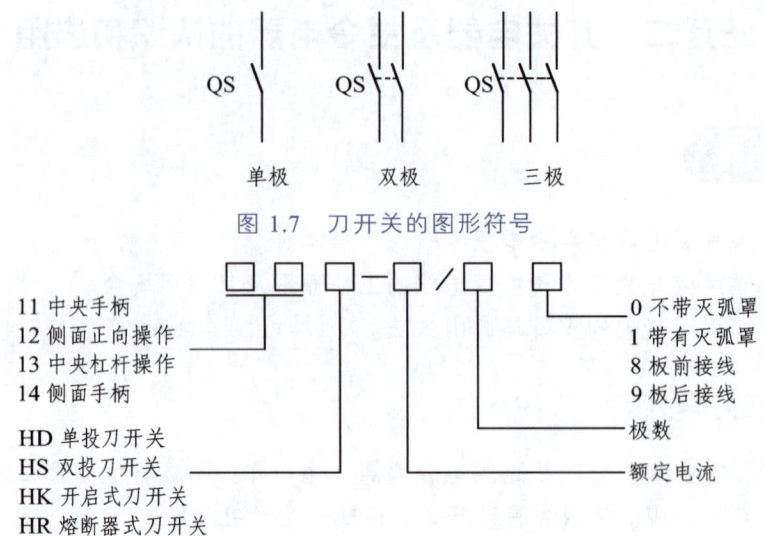

图 1.7 刀开关的图形符号

图 1.8 刀开关型号及含义

开启式负荷开关又称为瓷底胶盖刀开关，生产中常用的是 HK 系列开启式负荷开关，适用于照明、电热设备及小容量电动机控制线路中。

HK 系列开启式负荷开关由刀开关和熔断器组合而成，开关的瓷底座上有进线座、静触头、熔体、出线座和带瓷质手柄的刀式动触头，上面盖有胶盖以防止操作时触及带电体或分断时产生的电弧飞出伤人。在一般的照明电路和功率小于 5.5 kW 的电动机控制线路中广泛采用 HK 刀开关。用于照明时，应选用 HK 系列的额定电流不小于电路所有负载额定电流之和的两极开关；用于控制电动机的直接启动和停止时，应选用额定电流不小于电动机额定电流 3 倍的三极开关。

封闭式负荷开关是在开启式负荷开关的基础上改进设计的一种开关，它的外壳为铸铁或用薄钢板冲压而成的，因此又将其称为铁壳开关。HH3 和 HH4 为常用的封闭式负荷开关，它主要由刀开关、熔断器、操作机构和外壳组成，它可直接控制 15 kW 以下交流电动机的启动和停止。控制电动机时应选用额定电流不小于电动机额定电流 3 倍的开关。

熔断器式刀开关 RTO 由填料熔断器和刀开关组合而成，具有熔断器和刀开关的基本性能，由于其熔断器固定在带有弹簧钩子锁板的绝缘上，在正常运行时，熔断器不脱扣。当线路发生故障时，熔断体熔断，更换熔断体就行了。所以这种开关可作导线及电气设备的过载和短路保护，以及用于在电网正常馈电的情况下，不频繁地接通分断电路。HR5 可用于交流额定电压 660 V，额定发热电流 630 A 左右。

2．组合开关

组合开关又称为转换开关，具有体积小、触头对数多、接线方式灵活、操作方便等特点，在电气设备中一般用于不频繁地接通和分断电路，接通电源和负载，测量三相电压及控制 5 kV 以下的小容量异步电动机的正反转和 Y-△ 启动等。

组合开关由动触头、静触头、转轴、手柄定位机构及外壳等部分组成，如图 1.9

所示。组合开关内部有 3 对动静触头。静触头分别叠装于多层绝缘壳内，各自附有连接线路的接线柱；3 个动触头互相绝缘，与各自的静触头对应，套在共同的绝缘杆上，绝缘杆的一端装有操作手柄。当手柄转动时带动转轴，动触头随转轴一起转动 90°，动触头脱离静触头，使电路断开。

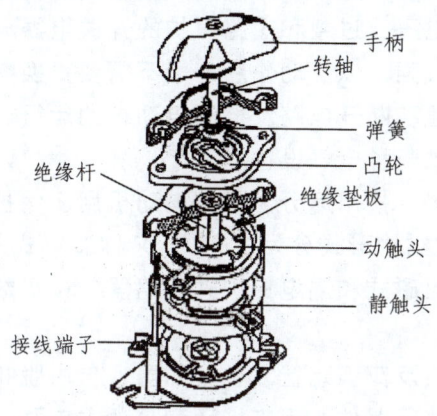

图 1.9　组合开关内部结构

组合开关有 HZI、HZ2、HZ3、HZ4、HZ5、HZ10 和 HZ15 等系列产品，其中 HZ10 系列是我国统一设计产品，具有性能可靠、结构简单、组合性强、寿命长等特点，目前在生产中得到广泛应用。同样，组合开关也有单极、双极和三极之分，其图形符号、文字符号如图 1.10 所示。HZ15 系列是在 HZ10 系列的基础上改进组装的。

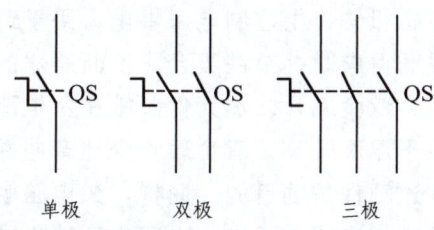

图 1.10　组合开关的图形、文字符号

组合开关的含义如图 1.11 所示。

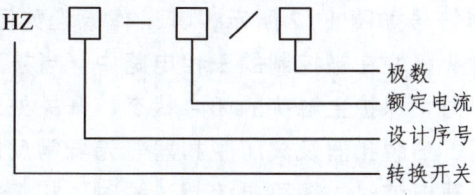

图 1.11　组合开关的含义

选用组合开关时，应根据电源种类、电压等级、所需触头数量、接线方式和负载容量等因素选择合适的组合开关。若使用组合开关控制 5 kW 以下小容量异步电动机时，其额定电流一般为电动机额定电流的 1.5～2.5 倍，接通频率小于 15～20 次/小时。

如果用组合开关控制电动机的正反转，在从正转切换到反转过程中，必须先经过停止位置，待电动机停止后才能切换。

3．低压断路器的结构及原理

低压断路器又称自动空气开关或自动空气断路器，是一种既有手动开关作用又能自动进行欠电压、失电压、过载和短路保护的开关电器。由于它具有可以操作、动作值可调、分断能力较强，以及动作后一般不需要更换零部件等优点，在正常条件下可用于不频繁地接通和断开电路及控制电动机的运行，因此它是低压配电网络和电力拖动系统中常用的一种电气设备。

低压断路器种类很多，按用途分为保护电动机用、保护配电线路用及保护照明线路用的低压断路器；按结构形式分为塑壳式（又称装置式）、框架式（又称万能式）、限流式、直流快速式、灭磁式和漏电保护式断路器；按级数分为单极、双极、三极和四极断路器。

低压断路器由主触头及灭弧装置、各脱扣器、自由脱扣器和操作机构等部分组成。主触头是断路器的执行器件，用来接通和分断主电路。为提高其分断能力，主触头上装有灭弧装置。脱扣器是断路器的感知元件，当电路发生故障时，相应的脱扣器检测到故障信号，经自由脱扣器使断路器的主触头分断，从而保护电路。脱扣器包括过电流脱扣器、分励脱扣器、热脱扣器、欠电压脱扣器。过电流脱扣器实质上是一个电流线圈的电磁机构，电磁线圈串接在主电路中，流过负载电流，正常情况下产生的电磁吸引力不够大，不能使衔铁吸合。但是当电流瞬间过大时，电磁吸力足以使衔铁吸合并带动自由脱扣器将断路器主触头断开，实现了过电流保护。分励脱扣器实质也是一个电磁机构，由控制电源供电，用于远距离操作。当操作人员或继电保护信号使电磁线圈得电时，衔铁吸合，使断路器的主触头断开。热脱扣器由热元件、双金属片组成，双金属片、热元件串接在主电路中，当负载过载达到一定值时，热元件发热，由于温度升高，双金属片受热弯曲并带动自由脱扣机构，使断路器主触头断开，达到过载保护的目的。同样，欠电压脱扣器也是一个电压线圈的电磁机构，其线圈并接在主电路中，当主电路电压消失或降到一定值时，电磁吸力不足以将衔铁吸合，使衔铁顶板推动自由脱扣机构，断路器主触头断开，达到欠电压保护的目的。

低压断路器的图形符号如图1.12所示，其工作原理如图1.13所示。使用时自动空气开关的三副主触头串联在被控制的三相电路中。当按下接触按钮时，外力使锁扣克服分断弹簧的斥力，保护主触头的闭合状态，开关处于接通状态。当开关接通电源后，电磁脱扣器、热脱扣器及欠压脱扣器若无异常反应，开关运行正常。当线路发生短路或严重过载电流时，短路电流超过瞬时脱扣整定电流值，过电流脱扣器3的衔铁吸合，三副主触头分断，切断电源。当线路发生一般性过载时，过载电流虽不能使电磁脱扣器动作，但能使热元件5产生一定热量，促使双金属片受热向上弯曲，将主触头分断，切断电源。当线路电压正常时，欠压脱扣器6产生足够的吸力，克服分断弹簧8的作用将衔铁吸合，主触头闭合。当线路上电压全部消失或电压下降至某一数值时，欠电压脱扣器吸力消失或减小，衔铁被分断弹簧8拉开并撞击杠杆，主电路电源被分断。同样道理，在无电源电压或电压过低时，自动空气开关也不能接通电源。需手动分断电路时，只需按下分断按钮即可。

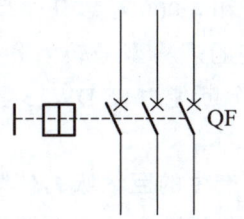

图 1.12　低压断路器图形符号

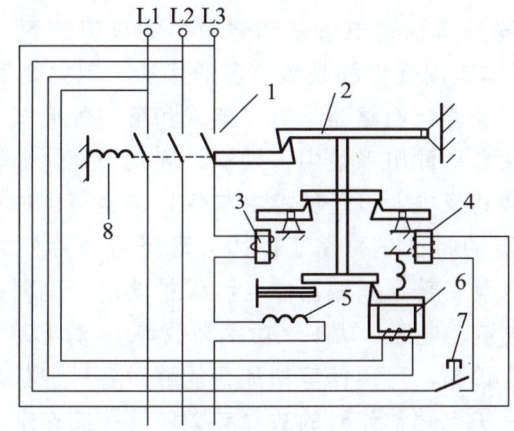

1—主触头；2—自由脱扣机构；3—过电流脱扣器；4—分励脱扣器；
5—热脱扣器；6—欠压脱扣器；7—停止按钮；8—分断弹簧。

图 1.13　低压断路器的工作原理

4．低压断路器的类别

低压断路器按结构形式分，主要有塑壳式（又称装置式）、框架式（又称万能式或开启式）、限流式、直流快速式等。

塑壳式断路器用绝缘塑料制成外壳，内装触点系统、灭弧室及脱扣器等，可手动或电动（对大容量断路器而言）合闸。它有较高的分断能力和动稳定性，有较完善的选择性保护功能，广泛用于配电网络的保护和电动机、照明电路及电热器等控制系统中。目前常用的有 DZ15、DZ20、DZX19 和 C45N（目前已升级为 C65N）等系列产品。其中 C45N（C65N）断路器具有体积小、分断能力高、限流性能好、操作轻便、型号规格齐全、可以方便地在单极结构基础上组合成二极、三极、四极断路器的优点，广泛使用在 60 A 及以下的民用照明支干线及支路中（多用于住宅用户的进线开关及商场照明支路开关）。DZ20 系列断路器适用于额定电压 500 V 以下的交流和 220 V 以下直流，在额定电流 100～125 A 的电路中作为配电、线路及电源设备的过载、短路和欠电压保护设备。

框架式断路器主要由触点系统、操作机构、过电流脱扣器、分励脱扣器及欠压脱扣器、附件及框架等部分组成，全部组件进行绝缘后装于框架结构底座中。框架式断路器具有较高的短路分断能力和较高的动稳定性，适用于交流 50 Hz、额定电流 380 V 的配电网络中作为配电干线的主保护。目前我国常用的有 DW15、ME、AE、AH 等系列的框架式低压断路器。DW15 系列断路器是我国自行研制生产的，全系列具有 1 000、1 500、2 500 和 4 000 A 等几个型号。ME、AE、AH 等系列断路器是利用引进技术生产的，它们的规格型号较为齐全（ME 开关电流等级从 630～5 000 A 共分 13 个等级），额定分断能力较 DW15 更强，常用于低压配电干线的主保护。

限流式断路器利用短路电流产生的巨大吸力使触点迅速断开，能在交流短路电流尚未达到峰值之前就把故障电路切断，用于短路电流相当大的电路中，其主要型号有 DWX15 和 DZX10 两种系列。

直流快速式断路器具有快速电磁铁和强有力的灭弧装置，最快动作时间可在 0.02 s 以内，用于半导体整流元件和整流装置的保护，其主要型号有 DS 系列。

目前国内还生产了智能化断路器，有框架式和塑料外壳式两种。框架式智能化断路器主要用于智能化自动配电系统中，塑料外壳式智能化断路器主要用在配电网络中分配电能和作为线路及电源设备的控制与保护，也可用作三相笼型异步电动机的控制。智能化断路器的特征是采用了以微处理器或单片机为核心的智能控制器（智能脱扣器），它不仅具备普通断路器的各种保护功能，同时还具备实时显示电路中的各种电气参数（电流、电压、功率、功率因数等）、对电路进行在线监视、自行调节、测量、试验、自诊断、可通信等功能，能够对各种保护功能的动作参数进行显示、设定和修改，保护电路动作时的故障参数能够存储在非易失存储器中以便查询。国内 DW45、DW40、DW914（AH）、DW18（AE-S）、DW48、DW19（3WE）、DW17（ME）等智能化框架断路器和智能化塑料外壳断路器，都配有 ST 系列智能控制器及配套附件。ST 系列智能控制器采用积木式配套方案，可直接安装于断路器本体中，无需重复二次接线，并可多种方案任意组合。

5. 低压断路器的选用

目前，在电力拖动控制系统中常用的低压断路器是 DZ 系列塑壳式断路器。DZ 系列断路器的型号含义如图 1.14 所示。

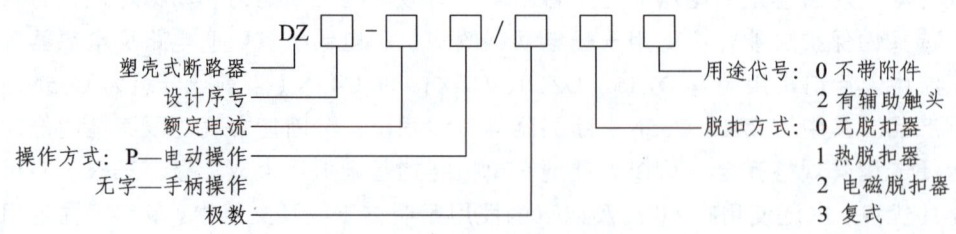

图 1.14 DZ 系列断路器的型号含义

在选用低压断路器时，要遵循以下原则：

（1）根据线路保护要求确定断路器的类型和保护形式，从而确定选用框架式、装置式、限流式或其他形式的低压断路器。

（2）断路器的额定电压应等于或大于被保护线路的额定电压。

（3）断路器欠压脱扣器额定电压应等于被保护线路的额定电压。

(4）断路器的额定电流及过流脱扣器的额定电流应大于或等于被保护线路的计算电流。

（5）断路器的极限分断能力应大于线路的最大短路电流的有效值。

（6）配电线路中的上、下级断路器的保护特性应协调配合，下级的保护特性应位于上级保护特性的下方且不相交。

（7）断路器的长延时脱扣电流应小于导线允许的持续电流。

（8）断路器用于电动机控制时，电磁脱扣器瞬时脱扣额定电流为电动机启动电流的 1.7 倍。

（二）主令电器

在控制系统中，主令电器是一种专门用来发送命令或信号，从而直接或间接对生产过程或程序进行控制的电器。主令电器在电气控制系统中应用广泛，通常用来控制电动机的启动、停止、调速及制动等。主令电器的种类繁多，按其作用的不同可分为按钮、接近开关、万能转换开关、主令控制器等，其型号含义如图 1.15 所示。

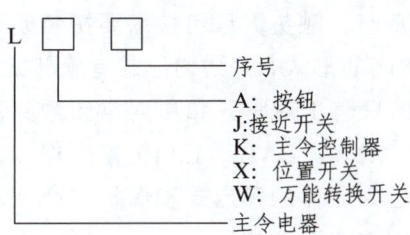

图 1.15　主令电器型号含义

1．按　钮

按钮是一种通过人体某一部分施加力而接通或分断的小电流电路的主令电器，其结构简单，应用广泛。

按钮开关的种类较多，按其结构形式来分有开启式、保护式、防水式、紧急式、旋转式、钥匙式、光标按钮等。开启式按钮适用于嵌装在操作面板上；保护式按钮带保护外壳，可防止内部零件受机械损伤或人偶然触及带电部分；防水式按钮具有密封外壳，可防止雨水侵入；紧急式按钮可作为紧急切断电源用；旋转式按钮通过旋转旋钮的位置实现通断操作；钥匙式按钮是使用钥匙的旋转才能实现接通或分断，防止误操作，可供专人操作；光标按钮内装有信号灯，兼作信号指示。按钮开关的型号含义如图 1.16 所示。

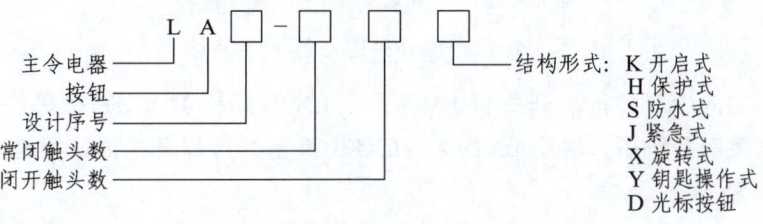

图 1.16　按钮开关的型号含义

按钮内部结构如图 1.17 所示,它由按钮、复位弹簧、触头和外壳等部分组成。按钮一般为复合式,即同时具有常开和常闭触头,其图形符号和文字符号如图 1.18 所示。没有按下按钮时,其常开触头是断开的,而常闭触头与动触头接通为闭合状态;当按钮按下时,动触头与常闭触头断开,然后动触头与常开触头接通形成闭合状态;当松开按钮时,在复位弹簧的作用下,常开触头断开,常闭触头复位。

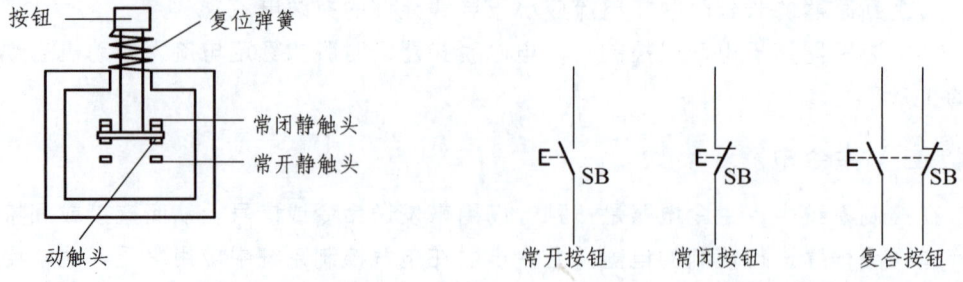

图 1.17　按钮内部结构示意图　　　　图 1.18　按钮图形和文字符号

目前,在电气控制领域中常用的按钮有 LA18、LA19、LA20 等系列。其中 LA18 系列采用积木式拼接装配基座,触头数目可按需要拼装成 2 常开 2 常闭,可拼装成 1 常开 1 常闭至 6 常开 6 常闭的形式,其结构形式有旋转式、紧急式、钥匙式。LA19 系列类似于 LA18 系列,但只有 1 对常开和 1 对常闭触头,该系列中有在按钮内装信号灯的光标按钮。LA20 系列与 LA18、LA19 系列相似,它除有光标式按钮外,还有由两个或三个元件组合为一体的开启式和保护式产品,具有 1 常开 1 常闭、2 常开 2 常闭和 3 常开 3 常闭这 3 种形式。

通常控制按钮的额定电压为 380 V,额定工作电流为 5 A,所以它只适用于小电流的手动控制电路中。

2. 行程开关

行程开关是根据生产机械发出的命令,控制机械运行方向或行程长短的主令电器。如果将行程开关装于生产机械行程的终点处,当其与生产机械的运动部件发生碰撞时,行程开关发出控制信号,实现对生产机械的电气控制,这样的行程开关又称为限位开关。行程开关的图形及文字符号如图 1.19 所示。

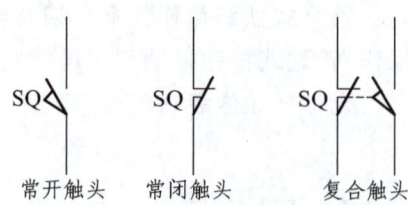

图 1.19　行程开关图形及文字符号

目前,国内生产的行程开关有 JW 系列、LX 系列和 JLXK 系列等。

在电气控制系统中,常用 LX19 和 JLXK1 等系列行程开关。行程开关的型号含义如图 1.20 所示。

行程开关按其结构可分为直动式、滚轮式、微动式三种。直动式行程开关的动作原理与按钮相同,其结构简单,使用方便,经济性强,但是触头分合速度取决于生产机械的移动速度,当生产机械的移动速度低于 0.4 m/min 时,触头分断太慢,容易被电弧烧伤。滚动式行程开关内部采用了盘形弹簧机构,能在很短的时间内使触头断开,减少了电弧对触头的烧蚀,适用于低速运行机械。微动式行程开关是具有瞬时动作和微小行程的灵敏开关,适用于控制行程较小且作用力也很小的机械。

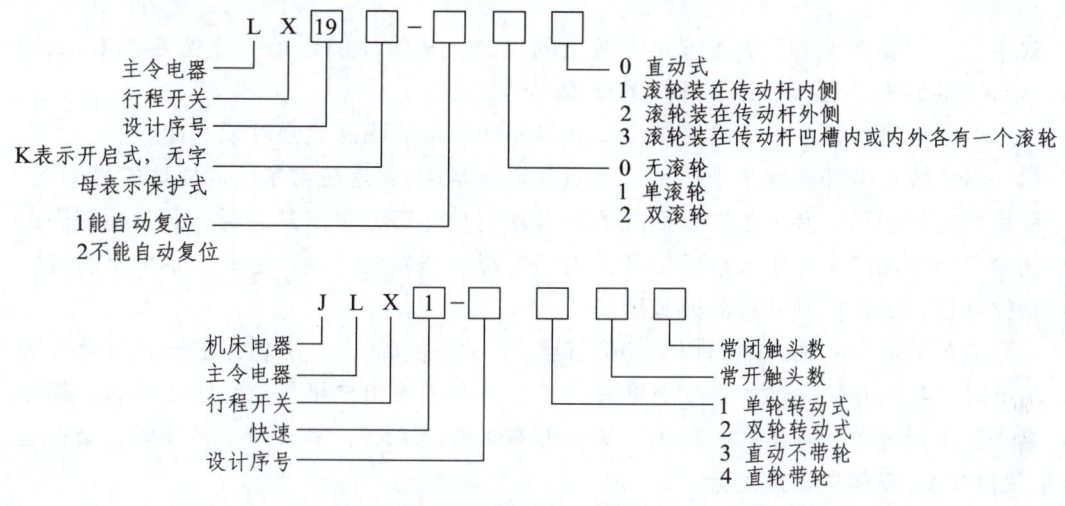

图 1.20　行程开关的型号含义

3. 接近开关

接近开关是一种非接触的、无触点的行程开关。当检测到某一物体接近它的工作面并达到一定距离时,不论检测物体是运动的还是静止的,接近开关都会自动发出物体接近的信号,以控制生产机械的位置或进行计数。

接近开关是一种感应型器件,与行程开关相比,接近开关具有动作可靠、性能稳定、频率响应快、使用寿命长、能适应恶劣工作环境等优点。

接近开关种类较多,按其工作原理可分为电感式接近开关、电容式接近开关、霍尔效应型接近开关、红外线光电接近开关、永磁及磁敏元件型接近开关。

电感式接近开关属于一种具有开关量输出的位置传感器。它由 LC 高频振荡器和放大处理电路组成,利用金属物体在接近这个能产生电磁场的振荡感应头时,使物体内部产生涡流。这个涡流反作用于接近开关,使接近开关振荡能力衰减,内部电路的参数发生变化,由此识别出有无金属物体接近,进而控制开关的通或断。这种接近开关所能检测的物体必须是导电物体。

电容式接近开关也是属于一种具有开关量输出的位置传感器。它的测量头通常是构成电容器的一个极板,而另一个极板是物体本身。当物体移向接近开关时,物体和接近开关的介电常数发生变化,使得与测量头相连的电路状态也随之发生变化,由此便可控制开关的接通和关断。这种接近开关的检测物体,并不限于导电体,也可以是绝缘的液体或粉状物体。在检测较低介电常数 e 的物体时,可以顺时针调节多圈电位器(位于开关后部)来增加感应灵敏度,一般调节电位器使电容式的接近开关在 0.7~0.8 cm 的位置动作。

当一块通有电流的金属或半导体薄片垂直地放在磁场中时,薄片的两端就会产

生电位差，这种现象就称为霍尔效应。两端具有的电位差值称为霍尔电势 U，其表达式为

$$U = K \times I \times \frac{B}{d}$$

式中，K 为霍尔系数；I 为薄片中通过的电流；B 为外加磁场（洛伦兹力 Lorentz force）的磁感应强度；d 是薄片的厚度。

由此可见，霍尔效应的灵敏度高低与外加磁场的磁感应强度成正比。

霍尔效应型开关就属于这种有源磁电转换器件，它是在霍尔效应原理的基础上，利用集成封装和组装工艺制作而成的。当磁性物件移近霍尔开关时，开关检测面上的霍尔元件因产生霍尔效应而使开关内部电路状态发生变化，由此识别附近有磁性物体存在，进而控制开关的通或断。

霍尔效应型的输入端是以磁感应强度 B 来表征的。当 B 值达到一定程度（如 B_1）时，霍尔开关内部的触发器翻转，霍尔开关的输出电平状态也随之翻转。输出端一般采用晶体管输出，和接近开关类似有 NPN、PNP、常开型、常闭型、锁存型（双极性）、双信号输出之分。

红外线属于一种电磁射线，其特性等同于无线电或 X 射线。人眼可见的光波是 380～780 nm，发射波长为 780～1 mm 的长射线称为红外线。

红外线光电开关（光电传感器）是红外光电接近开关的简称，它是利用被检测物体对红外光束的遮光或反射，由同步回路选通以检测物体的有无，其物体不限于导体，对所有能反射光线的物体均可检测。当有反光面（被检测物体）接近时，光电器件接收到反射光后便有信号输出，由此便可"感知"有物体接近。

当观察者或系统对波源的距离发生改变时，接收到的波频率会发生偏移，这种现象称为多普勒效应。声呐和雷达就是利用这个效应的原理制成的。利用多普勒效应可制成超声波接近开关、微波接近开关等。当有物体移近时，接近开关接收到的反射信号会产生多普勒频移，由此可以识别出有无物体接近。

接近开关产品较多，型号各异。例如 LXJ0 型、LJ-1 型、LJ-2 型、LJ-3 型、CJK 型、JKDX 型、JKS 型晶体管无触点接近开关，以及 J 系列接近开关等，但功能基本相同，外形有 M6～M34 圆柱型、方型、普通型、分离型、槽型等。接近开关型号含义如图 1.21 所示。

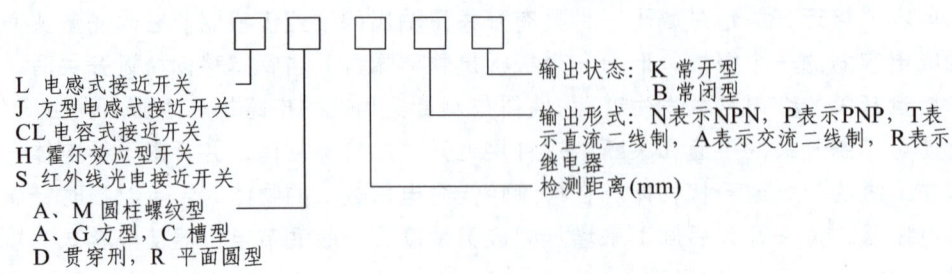

图 1.21　接近开关型号含义

LJ系列接近开关分交流和直流两种。交流为两线制，有常开型和常闭型两种；直流分为两线制、三线制和四线制，除四线制为双触头（1个常开和1个常闭输出触头）输出外，其余均为单触头输出（1个常开或1个常闭触头）。

4．万能转换开关

万能转换开关简称转换开关，主要用于各种控制线路的转换，电压表及电流表的换相、测量、控制，配电设备的远距离控制以及高压断路器操作机构的分闸和合闸控制，也可用于伺服电机变速及换向控制。由于它触头挡数多、换接线路多，能够对多种和多数量电路实现转换并且用途广泛，因此常被称为"万能"转换开关。

万能转换开关是一种多挡式、控制多回路的主令电器，它由多组相同结构的触头组件叠装而成。常用的万能装换开关有LW2、LW5、LW6、LW15等系列。

LW2系列主要有普通型、钥匙型、信号灯型、自复型、定位自复型和自复信号灯型等。LW5系列又分1～16等16种系列转换开关。转换开关按手柄形式可分为旋钮、普通手柄、带定位可取出钥匙和带信号灯指示等；按定位形式分为自复式、定位式，定位角（手柄操作位置的角度）分30°、45°、60°、90°等多种。自复式是指当扳动手柄于某一位置后，手松开时手柄自动返回原位。定位式是指当扳动手柄于某一位置后，手松开时手柄就停留在该位置上。

万能转换开关主要由接触系统、操作机构、转轴、手柄、定位机构等部件组成。万能转换开关的接触系统由许多接触元件组成，每一接触元件有4个触点，可以控制2条回路，其结构如图1.22所示。具有一定形状的塑料凸轮固定在方形轴上，和静触头相连的接线头上连接被控制器所控制的线圈导线，桥形动触头固定于导电支杆上。通过手柄使凸轮的方形轴转动一定的角度，使凸轮的突出部

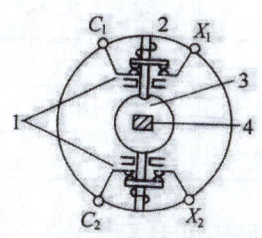

图1.22 万能转换开关内部结构示意图

分推压导电支杆并带动桥形动触头，于是触头被接通（或者由于弹簧力的作用而使触头断开）。每节的凸轮设计成不同的形状，通过不同节的组合，就可以获得多个回路触点接通、断开的任意次序，从而达到多回路控制的目的。

万能转换开关的符号如图1.23所示。触点通断情况有两种表示方法：① 在电路图中画虚线和圆点，图中"-o o-"代表一对触头，中间竖的虚线表示手柄位置；当手柄置于某一位置时，就在处于接通状态的触头下方的虚线上标注黑点"."进行表示。② 使用触点通断表进行表示，如表1.1所示，表中"×"表示手柄转动到该位置下，此对触点接通，空格表示断开。如手柄从0°位置向左转动到45°位后，触点1、3接通；当手柄从0°位置向右转动到45°位后，触点2、4、5、6接通，其余依此类推。

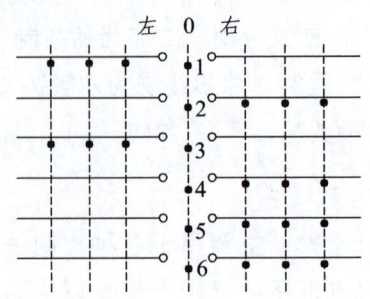

1—触点；2—弹簧；3—凸轮；4—方轴。

图 1.23　万能转换开关符号

选择万能转换开关时，要考虑下面的问题：① 控制电动机时，应先知道电动机的内部接线方式，根据内部接线方式、接线指示牌及所需转换开关通、断次序表，画出电动机接线图，电动机的接线图应与转换开关的实际接法相符。然后根据电动机的功率及电流大小选择合适的万能开关型号。② 控制其他电路设备时，考虑万能转换开关的额定电压和电流的大小及触头数目即可。

表 1.1　触点通断表

触点号	左				右		
	135°	90°	45°	0°	45°	90°	135°
1	×	×	×				
2				×	×	×	×
3	×	×	×				
4						×	×
5				×	×	×	×
6				×	×	×	×

习题与思考题

1. 什么是主令电器？常用的主令电器主要有哪些？控制按钮和行程开关有何异同？
2. 行程开关、万能转换开关及主令控制器在电路中各起什么作用？
3. 低压断路器有哪些功能？它与熔断器有什么区别？
4. 刀开关的作用是什么？刀开关在安装和接线时应该注意什么？

任务三　电磁式低压电器的认识和选用

学习目标

（1）了解低压电器的概念及分类。
（2）掌握常用低压电器电磁机构的基本结构和工作原理。

一、任务导入

大部分低压控制系统中都使用了电磁式低压电器。各类电磁式低压电器的工作原理和构造基本相同，由电磁机构和执行部分——触头系统组成。

二、相关知识

（一）电磁式低压电器

1．电磁机构

电磁式低压电器的电磁机构是将电磁能转换成机械能，产生电磁吸力带动触头动作的部件，它由吸引线圈、铁芯及衔铁三部分组成。吸引线圈将电能转换为磁能，产生磁通，衔铁在电磁吸力的作用下产生机械位移使铁芯吸合。吸引线圈根据输入电流的不同分为直流线圈和交流线圈两种。直流线圈通入直流电。交流线圈须通入交流电。电磁铁工作时，吸引线圈产生的磁通作用于衔铁，产生电磁吸力，并使衔铁产生机械位移。衔铁复位时，复位弹簧将衔铁拉回原位，所以电磁铁吸合时，电磁铁的吸力要大于复位弹簧的拉力。

对于交流线圈而言，由于线圈是绕在铁芯（硅钢片）上，除线圈发热外，铁芯会产生涡流和磁滞损耗，使铁芯也发热。为了改善线圈和铁芯散热情况，通常在铁芯和线圈之间留有散热间隙。由于交流电磁线圈的电流 I 与气隙 δ 成正比，所以在线圈通电而衔铁尚未闭合时，电流可能达到额定电流的 5~6 倍。如果衔铁卡住不能吸合，或频繁操作，线圈可能因过热而烧毁，所以在可靠性要求较高或操作频繁的场合，一般不采用交流电磁机构。

当线圈中通入交流电时，铁芯中出现交变的磁通，时而最大时而为零，这样在衔铁与固定铁芯间因吸引力变化而产生振动和噪声。当加上短路环后，磁通被分成大小相近、相位相差 90° 电角度的两相磁通 Φ_2 和 Φ_1，如图 1.24 所示。根据电磁感应定律可知，由 Φ_2 和 Φ_1 产生的吸力 F_2 和 F_1 也有相位差，作用在磁铁上的力为 F_1+F_2。此电磁吸力较为平坦，在电磁铁通电期间，电磁吸力始终大于复位弹簧的反

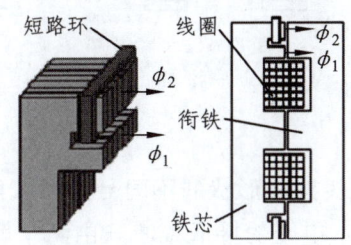

图 1.24　交流电磁铁的短路环

的反力，使铁芯牢牢吸合而消除了振动和噪声。

在直流电磁机构中，铁芯不会产生涡流和磁滞损耗，因此铁芯不发热，只有线圈发热。电磁吸力 F 与气隙 δ 的平方成反比，所以衔铁闭合前后电磁吸力变化较大。但由于电磁线圈中的电流不变，因此直流电磁机构适用于动作频繁的场合。直流电磁机构的通电线圈在断电时，由于磁通的急剧变化，线圈中会感应出很大的反电动势，很容易使线圈烧毁，因此在线圈的两端要并联一个放电回路。放电回路中的电阻值为线圈电阻的 5~6 倍。

另外，根据吸引线圈在电路中的连接方式不同，可将其分为串联线圈（又称电流线圈）和并联线圈（又称电压线圈）。

串联线圈是将吸引线圈串联在电路中，通过的电流较大。为防止线圈产生的热量过大和其他损耗对电路的影响，通常此吸引线圈的导线较粗，匝数少，线圈的阻抗较小。

并联线圈是将吸引线圈并联在电路中，为减小分流作用，降低对原电路的影响，通常此吸引线圈的导线较细，且匝数多，线圈的阻抗比电流线圈的阻抗要大。

2．触头系统

触头系统是电磁式低压电器的执行机构，它在衔铁的带动下实现电路的接通或断开。由于铜的导电性较好，导热能力强，因此电磁式低压电器的触头通常由铜制成。但是铜触头容易产生氧化膜，使触头的接触电阻增大，有时还会产生电弧，因此有些触头改用导电性更强、氧化膜不易形成的银质触头。

触头按其所控制的电路可分为主触头和辅助触头。主触头在主电路中控制电路的接通或断开，允许通过的电流较大；辅助触头对控制电路进行接通或断开操作，它只能通过较小的电流。

触头按其接触形式的不同分为点接触、线接触和面接触，如图 1.25 所示。点接触由两个半球形或一个半球形与一个平面形触头构成，常用于小电流的电器中，如接触器的辅助触头和继电器触头。线接触的接触区是条线，并且在接通或断开中有一个滚动摩擦的过程，适用于通电次数多、电流大的场合，如接触器的主触头。面接触是两个平面形触头相结合，它的触头表面一般镶有合金，允许通过较大电流，多用于大容量接触器的主触头。

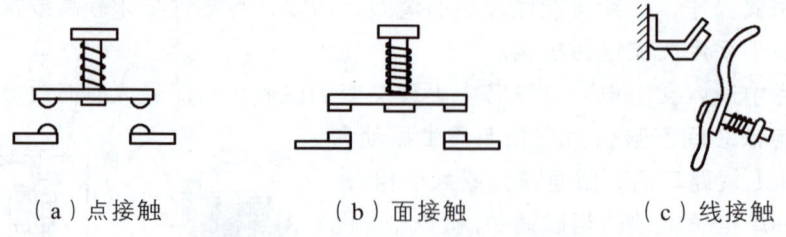

（a）点接触　　　　（b）面接触　　　　（c）线接触

图 1.25　触头的接触形式示意图

触头按其形状的不同分为桥式触头和指形触头。桥式触头的两个触头串于同一电路中，电路的接通或断开由两个触头同时完成，桥式触头一般是点接触和面接触；指形触头在分断或闭合时产生滚动摩擦，能去掉触头表面的氧化膜，从而减小触头的接触电阻，还可缓冲触头闭合时的撞击能量，改善触头的电器性能，指形触头一般是线接触。

3. 电弧的产生与灭弧方法

在通电状态下，当动、静触头（电压不小于 10~20 V）在即将接触或者即将分开时就会在间隙内产生放电现象。如果电流小，就会发生火花放电；如果电流大于 80~100 mA，就会发生弧光放电，也就是电弧，其特点是外部有白炽弧光，内部有很高的温度和密度很大的电流。

电弧产生的主要原因是：气体（或空气）中含有少量正负离子，在外施电压的作用下，离子加速运动，在碰撞中离子数目大大增加，这些离子在电场中的定向运动就形成了电流。电流通过气体时伴随着强烈的发热过程，以致电流通道内的中性气体分子全被电离而形成等离子体。这种有强烈的声、光和热效应的弧光放电，就是电弧的形成过程。所以，电弧实质上就是一种能导电的电子、离子流，其中还包括燃烧着的铜分子流。

电弧电压所产生的危害比较严重，其温度高达数千摄氏度，轻则损坏设备，重则可以产生爆炸，酿成火灾，威胁生命和财产安全。特别是在石油、电力行业中，更需要额外注意。由于行业的特殊性，更容易造成事故，甚至是人员伤亡。

在电力行业中，开关电器会产生电弧。因为其温度高达数千摄氏度，能烧坏触头，甚至导致触头熔焊。如果电弧不立即熄灭，就可能烧伤操作人员，烧毁设备，甚至酿成火灾。因此，有触头的电器应考虑其灭弧问题，尤其是高压配电方面更要注意。一旦由于带负荷拉闸操作失误，或者是在开关箱内有异物（导电体），拉出开关箱的时候，异物瞬间接通了两极又分开，导致电弧产生，以致产生爆炸现象，炸伤、烧伤操作人员。

为了灭弧，常采用的方法有：① 迅速拉大电弧的长度，使触头间隙增加，降低电场强度，同时又使散热面积增大，降低了电弧温度，使自由电子和空穴复合的运动加强，从而容易将电弧熄灭；② 用电磁力使电弧在冷却介质中运动，带走电弧热量，降低弧柱周围的温度；③ 将电弧挤入绝缘壁组成的窄缝中，对它进行冷却。

常用的灭弧方法有以下几种：

（1）电动力灭弧。桥式触头分断时，在左右两个弧隙中产生两个彼此串联的电弧，电弧电流在两电弧之间产生磁场。根据左手定则，电弧电流在电动力的作用下，使电弧向外运动并拉长。在拉长的过程中电弧遇到空气迅速冷却，从而迅速熄灭。

（2）磁吹灭弧。借助电弧与弧隙磁场相互作用而产生的电磁力实现灭弧的装置，称为磁吹灭弧装置。在触头电路中串入磁吹线圈，该线圈产生的磁场由导磁夹板引向触头周围。磁吹线圈产生的磁场与电弧电流产生的磁场相互叠加，并且这两个磁场在电弧下方，其方向相反，因此电弧下方的磁场强于上方的磁场。在下方磁场的作用下，电弧受力的方向为 F 所指的方向。在 F 的作用下，电弧被吹离触头，经引弧角进入灭弧罩，使电弧熄灭。磁吹灭弧是利用电流本身进行灭弧，所以电弧电流越大，灭弧也越强，于是在直流电器中被广泛应用。

（3）灭弧栅灭弧。灭弧栅由外镀薄钢片和石棉绝缘板组成，它们彼此之间相互绝缘，片间距离为 2～3 mm，这些金属片被称为栅片，安装在触点上方的灭弧罩内。当触头断开时，在触头之间产生电弧，电弧电流产生磁场。钢片磁阻比空气磁阻小得多，使磁通非常稀疏，而灭弧栅处的磁通非常密集，磁场将电弧拉入灭弧罩内。当电弧被拉入灭弧栅内后，被分割成一段段串联的短弧，而栅片就是这些短弧的电极。每两片灭弧栅片之间都有 150～250 V 的绝缘强度，使整个灭弧栅的绝缘强度大大加强，以致外加电压无法维持电弧，使电弧迅速熄灭。除此之外，栅片还能吸收电弧热量，使电弧迅速冷却，有利于电弧熄灭。由于栅片对交流电弧的灭弧更有效，因此在交流电器中通常采用栅片灭弧。

（4）灭弧罩灭弧。比灭弧栅灭弧更简单的方法，是利用陶土和石棉水泥做成的能耐高温的灭弧罩来灭弧。灭弧罩内有一个或数个纵缝，缝的下部宽上部窄。当触头断开时，电弧在电动力的作用下进入缝内，窄缝将弧柱分成若干直径较小的电弧，同时将电弧直径压缩，使电弧同缝壁紧密接触，加强冷却和消游离作用，使电弧迅速熄灭。

4. 接触器

接触器是一种自动的电磁式开关，用于远距离频繁地接通或断开交直流主电路、大容量控制电路等大电流电路的自动切换。在功能上，接触器除能自动切换外，还具有手动开关所缺乏的远距离操作功能和零压及欠压保护功能，但没有自动开关所具有的过载和短路保护功能。接触器生产方便，成本低，主要用于控制电动机、电热设备、电焊机、电容器组等，是电力拖动自动控制电路中使用最广泛的一种低压电器。接触器的符号如图 1.26 所示。

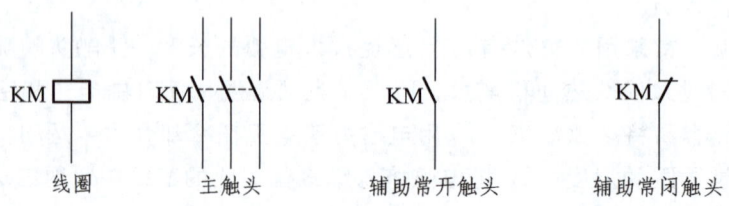

图 1.26　接触器符号

根据接触器主触点通过电流的种类，将其分为交流接触器和直流接触器两种。

（二）交流接触器

交流接触器是一种电气控制中频繁接通和分断电路及交流电动机的电器，主要用作控制交流电动机的启动、停止、反转、调速，并可与热继电器或其他适当的保护装置组合，保护电动机可能发生的过载或断相，也可用于控制其他电力负载，如电热器、电照明、电焊机、电容器组等。

交流接触器的种类很多，如电磁式交流接触器、真空式接触器和固体接触器。目前，常用的电磁式交流接触器有 CJ10、CJ20、CJ40 等系列产品，其结构、产品型号含义如图 1.27 所示。

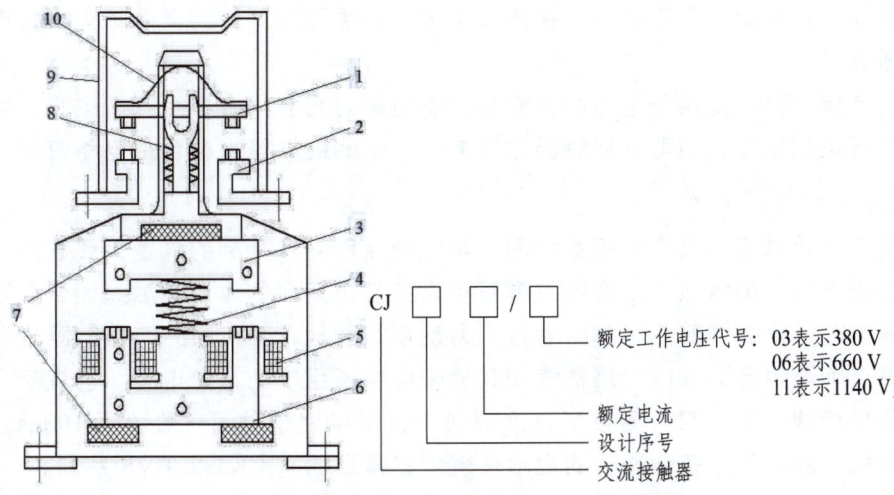

1—动触点；2—静触点；3—衔铁；4—缓冲弹簧；5—电磁线圈；6—铁芯；
7—垫毡；8—触头弹簧；9—灭弧罩；10—触头压力弹簧。

图 1.27　交流接触器结构、型号含义

1．电磁式交流接触器

电磁式交流接触器的内部结构主要由电磁机构、触头系统、灭弧系统支架及固定装置等组成。

电磁机构是将电磁能转换成机械能，操纵触头闭合或断开的机构，是接触器的重要组成部分。它主要由吸引线圈、铁芯和衔铁三部分组成。由于交流接触器的线圈通交流电，在铁芯中存在磁滞的涡流损耗，会引起铁芯发热。为减少工作过程中交变磁场在铁芯中产生的涡流及磁滞损耗，避免铁芯过热，交流接触器的铁芯和衔铁一般用 E 形硅钢片叠压制成。同时为了减少机械振动的噪声，在静铁芯极面上装上短路环。为增大铁芯的散热面积，并防止线圈与铁芯直接接触而受热烧毁，交流接触器的线圈一般做成粗而短的圆筒形。

触头是接触器的执行部分，由银钨合金制成，具有良好的导电性和耐高温烧蚀性。它包括主触头和辅助触头。主触头一般由 3 对接触面较大的常开触头组成，其作用是接通和分断主回路，控制较大的电流；而辅助触头一般由两对常开和两对常闭触头联动的，它串接在通断电流较小的控制回路中。交流接触器的触头有点接触式、面接触式和线接触式三种。

灭弧系统用来保证触点断开电路时，将产生的电弧能够可靠熄灭，以减少电弧对触点的损伤。为了迅速熄灭断开时的电弧，通常接触器都装有灭弧装置，一般采用半封式纵缝陶土灭弧罩，并配有强磁吹弧回路。

除了上述三大组成部分外，电磁式交流接触器还有绝缘外壳、弹簧、短路环、传动机构等部分。

电磁式交流接触器的工作原理是当线圈通电时衔铁被吸动，电磁机构的吸力克服反作用弹簧及触头弹簧的反作用力，动触头和静触头接通，主电路接通。当线圈断电时，衔铁和动触头在反作用力作用下运动，触头断开并产生电弧，电弧在触头回路电动力及气动力的驱动下，在灭弧室中受到强烈冷却去游离而熄灭，主电路最后切断。

交流接触器广泛用于电力的开断和控制电路。它利用主接点开闭电路，用辅助接点执行控制指令。小型的接触器也经常作为中间继电器来配合主电路使用。

2．真空式接触器

真空式接触器以真空为灭弧介质，其主触点密封在特制的真空灭弧管内。当操作线圈通电时，衔铁吸合，在触点弹簧和真空管自闭力的作用下触点闭合；当操作线圈断电时，反力弹簧克服真空管自闭力使衔铁释放，触点断开。接触器分断电流时，触点间隙中会形成由金属蒸气和其他带电粒子组成的真空电弧。因真空介质具有很高的绝缘强度，且介质恢复速度很快，真空中燃弧时间一般小于 10 ms。真空式交流接触器适用于条件恶劣的危险环境中，常用的有 CKJ 和 EVS 系列。

3．交流接触器的选择

在电力拖动中，交流接触器的选择应根据接触器额定电压、额定电流和线圈的额定电压及触头数目等进行。

（1）接触器额定电压的确定。接触器主触头的额定电压应根据主触头所控制负载电路的额定电压来确定。

（2）接触器额定电流的选择。一般情况下，接触器主触头的额定电流应大于等于负载或电动机的额定电流，计算公式为

$$I_N = \frac{P_N \times 10^3}{KU_N}$$

式中，I_N 为接触器主触头额定电流（A）；K 为经验系数，一般取 1~1.4；P_N 为被控电动机额定功率（kW）；U_N 为被控电动机额定线电压（V）。

当接触器用于电动机频繁启动、制动或正反转的场合，一般可将其额定电流降一个等级来选用。

（3）接触器线圈额定电压的确定。接触器线圈的额定电压应等于控制电路的电源电压。为保证安全，一般接触器线圈选用 110 V、127 V，并由控制变压器供电。但如果控制电路比较简单，所用接触器的数量较少，为省去控制变压器，可选用 380 V、220 V 电压。

（4）接触器触头数目。在三相交流系统中一般选用三极接触器，即三对常开主触头。当需要同时控制中性线时，则选用四极交流接触器。在单相交流系统中则常用两极或三极并联接触器。

（三）直流接触器

直流接触器是应用于直流电力线路中，可控制远距离接通和分断直流电路及频繁地操作和控制直流电动机启动、停止、反转或反接制动的一种自动控制电器。目前常用的直流接触器有 CZ0、C218、C220 等系列。

CZ0 系列直流接触器已完全取代了 CZ1、C23、C25 等老产品，其型号含义如图 1.28 所示。

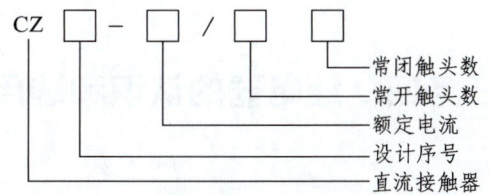

图 1.28　CZ0 系列直流接触器型号含义

直流接触器的结构和工作原理基本上与交流接触器相同。在结构上也是由电磁机构、触点系统和灭弧装置等组成。因为直流电弧比交流电弧更难熄灭，所以直流接触器常采用磁吹式灭弧装置灭弧。

当接触器线圈通电后，线圈电流产生磁场，使静铁芯产生电磁吸力吸引动铁芯，并带动触点动作：常闭触点断开，常开触点闭合，两者是联动的。当线圈断电时，电磁吸力消失，衔铁在反作用力弹簧的作用下释放，使触点复原，常开触点断开，常闭触点闭合。直流接触器与交流接触器工作原理相同，不同之处在于交流接触器的吸引线圈由交流电源供电，而直流接触器的吸引线圈由直流电源供电。

习题与思考题

1. 接触器在控制电路中的作用是什么？根据结构特征如何区分交、直流接触器？

2. 交流接触器在铁芯上安装短路环的目的是什么？为什么？

3. 交流接触器在衔铁吸合瞬间，为什么在线圈中会产生很大的冲击电流？直流接触器会不会产生同样的现象？为什么？

4. 接触器的主要技术参数有哪些？

任务四　继电器的认识和选用

> **学习目标**

（1）了解继电器的作用及分类。
（2）掌握常用继电器的工作原理及符号。

一、任务导入

继电器是一种根据输入信息的变化，接通或断开小电流控制电路，实现自动控制和保护作用的控制电器。继电器由感测机构、中间机构和执行机构三个基本部分组成。感测机构把感测到的信息（电量或非电量）传递给中间机构，中间机构将这一信息与预定值进行比较，当达到预定值时，中间机构发出指令使执行机构动作，以实现对电路的通、断控制。

二、相关知识

继电器是一种根据某种物理量的变化，接通或断开小电流电路，实现自动控制和保护电力拖动装置的电器。它具有控制系统（又称输入回路）和被控制系统（又称输出回路），通常在自动控制电路中，通过接触器或其他电器对主电路进行控制，也就是用较小的电流去控制较大电流的一种"自动开关"。

继电器在电气控制中的作用有：① 扩大电气控制范围。例如，多触点继电器控制信号达到某一定值时，可以根据触头组的不同形式，同时换接、开断、接通多路电路。② 小电流控制较大电流。例如，灵敏型继电器、中间继电器等，用一个很微小的控制量，可以控制很大功率的电路。③ 对控制信号进行综合。例如，当多个控制信号按规定的形式输入多绕组继电器时，经过比较综合，达到预定的控制效果。④ 自动、遥控、监测控制线路。例如，自动装置上的继电器与其他电器一起，可以组成程序控制线路，从而实现自动化运行。故在电路中起着自动调节、安全保护、转换电路等作用。与接触器相比，它具有触头分断能力小、结构简单、体积小、质量轻、反应灵敏等特点。

继电器一般由检测机构、中间机构和执行机构三大部分组成。检测机构把检测到的外界电量或非电量信号传递给中间机构，中间机构对信号的变化进行判断、转换、放大等。当输入信号变化达到一定值时，中间机构便使执行机构动作，从而接通或断开某部分电路，使其控制的电路状态发生变化，以达到控制和保护的目的。

继电器的种类很多，按照用途的不同分为控制继电器和保护继电器；按输入信号的不同分为电压继电器、中间继电器、电流继电器、时间继电器、压力继电器、温度继电器和速度继电器等；按输出形式的不同可分为有触头继电器和无触头继电器；按工作原理的不同分为电磁式继电器、电动式继电器、感应式继电器、晶体管式继电器和热继电器等。下面介绍几种常用的继电器。

（一）电磁式继电器

电磁式继电器是应用较早、较广泛的一种形式。电磁式继电器的结构及工作原理与接触器大体相同，其内部结构如图1.29所示。它由电磁系统、触头系统和释放弹簧等组成，由于继电器的触头均接在控制电路中，流过触头的电流比较小（一般5A以下），所以不需要灭弧装置。电磁式继电器的图形、文字符号如图1.30所示。电磁式继电器符号如图1.31所示。

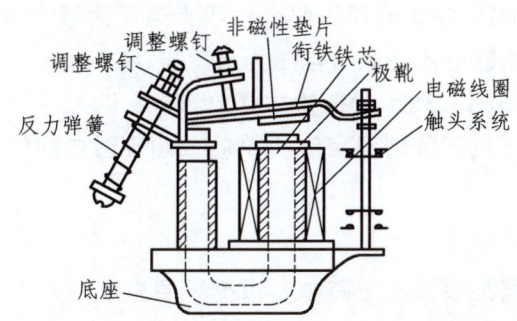

图1.29　电磁式继电器内部结构示意图

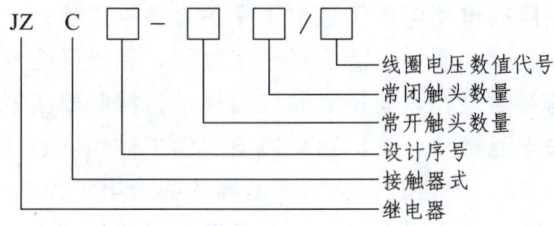

图1.30　电磁式继电器的图形、文字符号

图1.31　电磁式继电器符号

按电磁线圈电流的类型分为直流电磁式继电器和交流电磁式继电器；按电磁式继电器在电路中的连接方式分为电流继电器、电压继电器和中间继电器等。

1．电磁式电压继电器

电磁式电压继电器是并接在电路上，根据线圈两端电压大小而接通或断开电路的继电器。这种继电器线圈的导线细、匝数多、阻抗大。按吸合电压相对额定电压大小可分为过电压继电器和欠电压继电器。

（1）过电压继电器。在电路中，过电压继电器用于过电压保护。当线圈为额定电压时，衔铁不吸合，只有当线圈电压高于其额定电压一定值时，衔铁才吸合，相应触头动作；当线圈电压低于继电器释放电压时，衔铁返回释放状态，相应触头也返回到原始状态。

由于直流电路一般不会出现过电压现象，因此没有直流过电压继电器，只有交流过电压继电器。交流过电压继电器在电压为额定值的 1.05~1.2 倍时，实现电路的过电压保护。

（2）欠电压继电器。欠电压继电器在电路中用于欠电压保护。当线圈电压低于额定电压时，衔铁就吸合，而当线圈电压很低时衔铁才释放。直流欠电压继电器在电压为额定电压的 30%~50% 时衔铁吸合，吸合电压为额定电压的 7%~20% 时衔铁才释放。交流欠电压继电器在吸合电压为额定电压的 60%~85% 时衔铁吸合，吸合电压为额定电压的 10%~35% 时衔铁才释放。

零电压继电器是当电压降到额定值的 5%~200% 时才动作，切断电路实现欠电压或零电压保护。

2．电磁式电流继电器

电磁式电流继电器是串接在电路中，根据线圈电流的大小而接通或断开电路的继电器。这种继电器线圈的导线粗、匝数少、阻抗小，不会影响负载电路中的电流。按吸合电流的大小，可分为过电流继电器和欠电流继电器。

（1）过电流继电器在电路中用于过电流保护。正常工作时，线圈中流过负载电流，衔铁不吸合；当流过线圈的电流超过一定值时，衔铁吸合使触头动作，常闭触头打开，切断接触器线圈电路，使接触器线圈释放，接触器主触头断开主电路，然后过电流继电器也失电而释放，这样达到过电流保护作用。直流过电流继电器的吸合电流为额定电流的 0.7~3 倍时，交流继电器的吸合电流为额定电流的 1.1~4 倍时，过电流继电器动作。由于过电流继电器具有短路工作特点，因此交流过电流继电器一般不需装短路环。

（2）欠电流继电器在电路中用于欠电流保护。正常工作时，线圈中流过额定电流，衔铁处于吸合状态；当负载电流减小至继电器释放电流时，衔铁释放，触头恢复到原始状态。在电气产品中，只有直流欠电流继电器，而没有交流欠电流继电器。欠电流继电器的吸合电流为额定电流的 30%~65% 时衔铁吸合，吸合电压为额定电流的 10%~20% 时衔铁才释放。

3．电磁式中间继电器

中间继电器实质上是电磁式电压继电器，它的触头数量较多，在电路中起增加触头数量和中间放大作用。它也有交流中间继电器和直流中间继电器两种。

（二）热继电器

热继电器是利用电流在经过继电器发热元件时，产生热量使检测元件受热弯曲，从而使执行机构发出动作的一种保护电器。

电动机在实际运行中，拖动生产机械进行工作过程中，若出现机械故障或电路异常使电动机过载，则电动机转速下降，绕组中的电流将增大，使电动机的绕组温度升高。若过载电流不大且过载的时间较短，电动机绕组不超过允许温升，这种过载是允许的。但若过载时间长，过载电流大，电动机绕组的温升就会超过允许值，使电动机绕组老化，缩短电动机的使用寿命，严重时甚至会使电动机绕组烧毁。所以，这种过载是电动机不能承受的。热继电器就是利用电流的热效应原理，在出现电动机不能承受的过载时切断电动机电路，为电动机提供过载保护的保护电器。但是，由于热继电器的发热元件具有热惯性，在电路中不能用于瞬时过载保护，更不能做短路保护。

热继电器的种类较多，按极数的多少可分为单极、两极和三极三种，其中三极又包括带断相保护和不带断相保护装置的热继电器；按复位方式的不同，分为自动复位式和手动复位式热继电器。

热继电器的型号含义如图 1.32 所示。

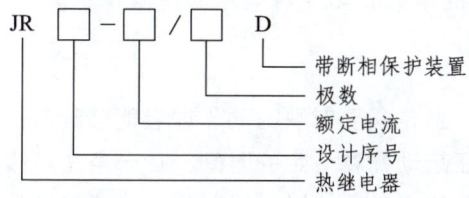

图 1.32　热继电器的型号含义

常用的热继电器有 JR16、JR20 等系列。JR16 系列双金属片热继电器主要由热元件、触头系统、动作机构、电流整定装置和温度补偿元件等部分组成。热继电器内部结构示意图如图 1.33 所示。

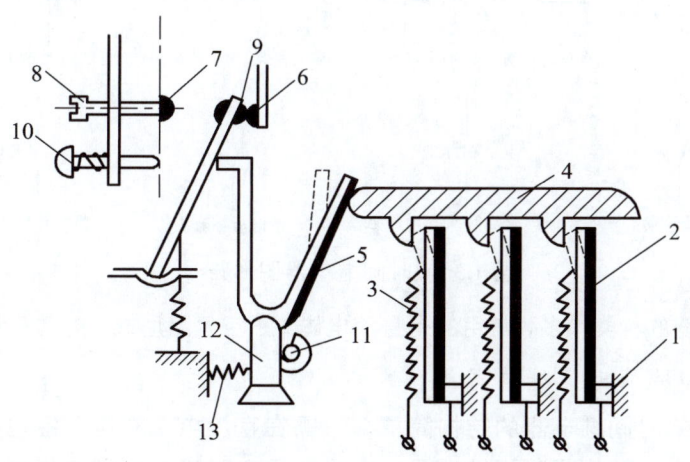

1—接线端子；2—主双金属片；3—热元件；4—推动导板；5—补偿双金属片；
6—常闭触头；7—常开触头；8—复位调节螺钉；9—动触头；
10—复位按钮；11—偏心轮；12—支撑件；13—弹簧。

图 1.33　热继电器内部结构示意图

热继电器符号如图 1.34 所示。

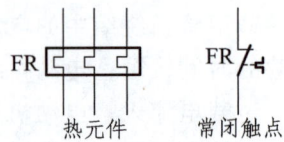

图 1.34　热继电器符号

热继电器对电动机进行过载保护时,将热元件与电动机的定子绕组串联,将热继电器的常闭触头串联在交流接触器的电磁线圈的控制电路中,并调节额定电流调节凸轮,使连杆与推杆保持一定的距离。当电动机正常工作时,通过热元件的电流使热元件发热,双金属片受热后弯曲,使推杆刚好与连杆接触,常闭触头闭合,交流接触器保持吸合状态,电动机正常运行。

当电动机出现过载情况时,其电动机绕组中的电流增大,使双金属片温度升得更高,弯曲程度加大,从而推动连杆,使常闭触头断开,交流接触器线圈失电,切断电动机的电源,电动机停车而实现对电路的过载保护。

(三) 时间继电器

在电气控制系统中,通常需要有瞬时动作或者能够延时操作以对生产机械进行控制。例如,电动机的降压启动需要一定的时间;在一条生产线中的多台电动机,常需要按顺序启动,一批电动机启动后,过一段时间,才能启动第二批等。这类自动控制称为时间控制。时间继电器是一种利用电磁原理和机械动作原理实现触点延时接通或断开的自动控制电器,它常用于按时间原则进行控制的场合,其符号如图 1.35 所示。

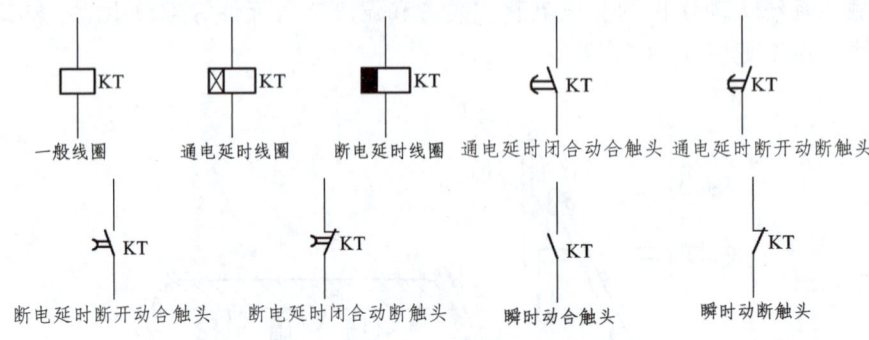

图 1.35　时间继电器图形符号

时间继电器的种类较多,常用的有直流电磁式、空气阻尼式、电动式和晶体管式等。

1. 直流电磁式时间继电器

直流电磁式时间继电器的结构简单,只需在直流电磁式电压继电器的铁芯上增加一个阻尼铜套,就构成时间继电器。它是利用电磁阻尼原理产生延时的。由电磁感应定律可知,在继电器线圈通断电过程中,铜套内产生感应涡流,阻碍了穿过铜套内的磁通变化,对原磁通起阻尼作用。

当继电器通电时,由于衔铁处于释放位置,气隙大、磁阻大、磁通小,铜套阻尼作用相对也小,因此衔铁吸合时延时不显著,一般忽略不计。而当继电器断电时,磁通变化量大,铜套阻尼作用也大,使衔铁延时释放而起到延时作用。因此,这种继电器仅用作断电延时。

2. 空气阻尼式时间继电器

空气阻尼式时间继电器，是利用空气阻尼原理获得延时的。它由电磁系统、延时系统和触头三部分组成，其示意图如图1.36所示。

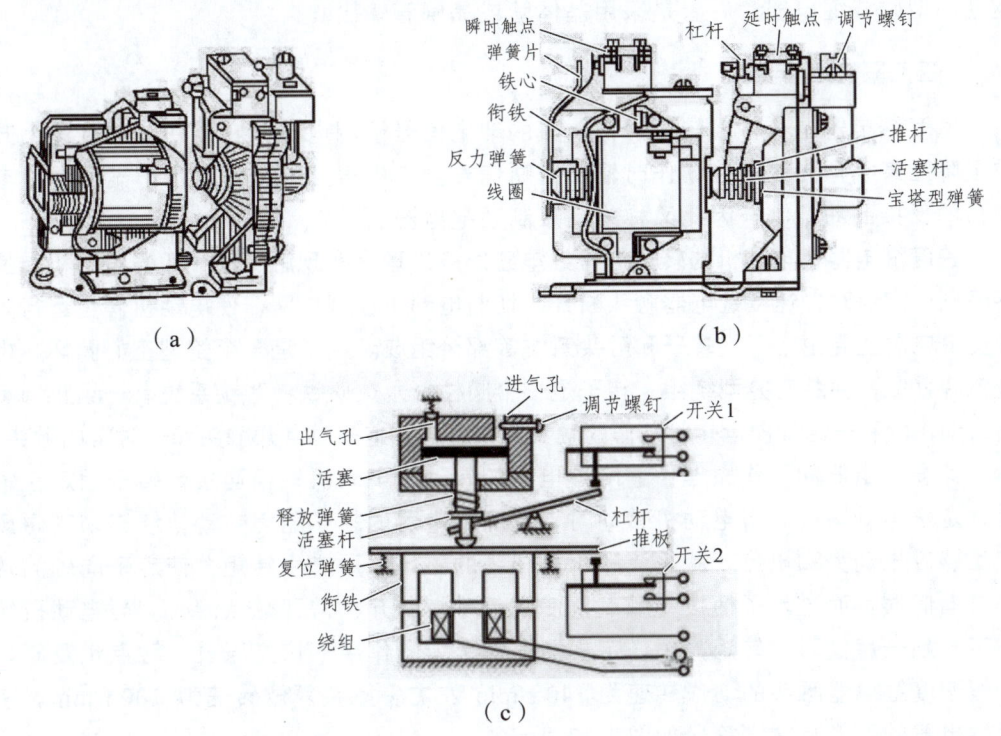

图1.36 空气阻尼式时间继电器示意图

电磁系统为直动式双E型；触头系统是使用LX5型微动开关；延时系统采用气囊式阻尼器。

电磁系统可以是直流的，也可以是交流的。既具有由空气室中的气动机构带动的延时触点，也具有由电磁机构直接带动的瞬动触点，可以做成通电延时型，也可做成断电延时型。只要改变电磁系统的安装方向，便可实现不同的延时方式。当衔铁位于铁芯和延时系统之间时为通电延时；当铁芯位于衔铁和延时系统之间时为断电延时。

当线圈通电时，衔铁及托板被铁芯吸引而瞬时下移，使瞬时动作触点接通或断开，但是活塞杆和杠杆不能同时跟着衔铁一起下落，因为活塞杆的上端连着气室中的橡皮膜。当活塞杆在释放弹簧的作用下开始向下运动时，橡皮膜随之向下凹，上面空气室的空气变得稀薄而使活塞杆受到阻尼作用而缓慢下降。经过一定时间，活塞杆下降到一定位置，便通过杠杆推动延时触点动作，使动断触点断开，动合触点闭合。从线圈通电到延时触点完成动作，这段时间就是继电器的延时时间。延时时间的长短可以用螺钉调节空气室进气孔的大小来改变。进气孔大，移动速度快，延时短；进气孔小，移动速度慢，延时较长。

3. 电子式时间继电器

电子式时间继电器在时间继电器中已成为主流产品。电子式时间继电器采用晶体管或集成电路和电子元件等构成。目前已有采用单片机控制的时间继电器。电子式时间继电器具有延时范围广、精度高、体积小、耐冲击、耐振动、调节方便及寿命长等优点,所以发展很快,应用广泛。

电子式时间继电器的输出形式有两种:有触点式和无触点式。前者是用晶体管驱动小型磁式继电器,后者是采用晶体管或晶闸管输出。

(四)速度继电器

速度继电器是一种以转速为输入量的非电信号检测电器,它能在被测转速上升或下降至某一预先设定的动作时输出通断信号。在电气控制中通常用于笼型异步电动机的反接制动控制,因此又称为反接制动继电器。

速度继电器将电动机的转速信号经电磁感应原理来实现触头动作。当电动机转速下降到一定值时,速度继电器触头断开,切断电动机控制电路,使电动机停止运行。速度继电器主要由定子、转子和触头系统等部分组成。定子是一个笼型空心圆环,由硅钢片叠成,并装有笼型绕组;转子是一个圆柱形永久磁铁;触头系统有一组正向运转时动作的和一组反向运转时动作的触头,每组又各有一对常开触头和一对常闭触头。

速度继电器的工作原理:速度继电器的转轴与电动机轴相连接,转子固定在轴上,定子与轴同心。当电动机转动时,速度继电器的转子随之转动,绕组切割磁场产生感应电动势和电流。此电流和永久磁铁的磁场作用产生转矩,使定子向轴的转动方向偏摆,通过定子柄拨动触点,使常闭触点断开、常开触点闭合。当电动机转速下降到一定值时,转矩减小,定子柄在弹簧力的作用下恢复原位,触点也复原。一般速度继电器触头的动作转速为 140 r/min 左右,触头复位转速为 100 r/min。速度继电器的图形及文字符号如图 1.37 所示。

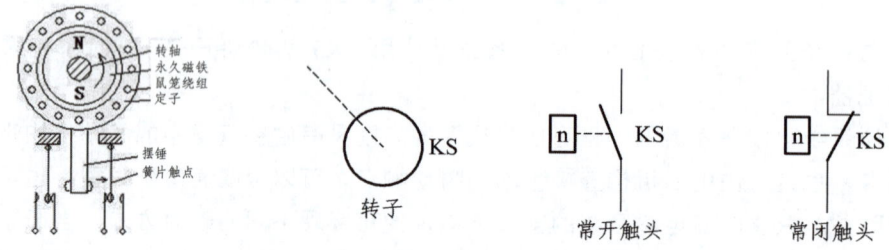

图 1.37　速度继电器的图形及文字符号

常用的感应式速度继电器有 JY1 和 JFZO 系列。JYI 系列能在 3 000 r/min 的转速下可靠工作。JFZO 系列触点动作速度不受定子柄偏转速快慢的影响,触点改用微动开关。JFZO 系列 JFZO-1 型适用于 300~1 000 r/min。JF20-2 型适用于 1 000~3 000 r/min。速度继电器有两对常开、常闭触点,分别对应于被控电动机的正、反转运行。

习题与思考题

1. 热继电器在电路中起什么作用?它能否作短路保护?为什么?
2. 电动机启动电流较大,当电动机启动时,热继电器会不会动作?为什么?
3. 中间继电器的作用是什么?
4. 中间继电器和接触器有何异同?

项目二　基本电气控制电路的分析与接线

任务一　电气控制系统图的识读与接线

学习目标

（1）了解电气控制系统图的定义、种类及用途。
（2）熟悉电气图形符号和文字符号的国家标准及规定原则。
（3）能正确识读电气原理图，并了解设计时的注意事项。

一、任务导入

在国民经济生产中广泛使用了各种生产机械，它们大都以电动机作为动力来进行拖动。由于各种生产机械的工作性质和加工工艺不同，使它们对电动机的控制要求不同。要使电动机能够按照生产机械的要求进行正常安全运转，必须配备一定的电器，组成一定的控制线路才能实现控制目的。这种通过其他电器对电动机进行启动、停止、正反转、调速、制动等运行方式的控制称为电气控制。

电气控制线路是把各种接触器、继电器、按钮、行程开关等电器元件，使用导线按照生产要求连接起来组成的控制线路。在生产实践中，一台生产机械的控制线路可以比较简单，也可以相当复杂，但任何复杂的控制线路都是由一些基本线路有机组合起来的。

电气控制系统是由许多电器元件按一定要求连接而成的。为了表达电气控制系统的结构、组成、原理等设计意图，同时也为了便于系统的安装、调试、使用和维修，将电气控制系统中的各电器元件的连接用一定的图形表达出来，这种图就称为电气控制系统图。常用的电气控制系统图有三种，即电气原理图、电器设备安装图和电气安装接线图。

二、相关知识

（一）常用电气图形符号和文字符号

随着改革开放的不断深入，我国从国外引进了许多电气设备。为了便于掌握国外的先进技术和各种引进的设备，以满足国际交流和国际市场的需要，我国参照更新的

IEC（国际电工委员会）标准而制定了一系列适用于我国电气设备的最新版国家标准，如 GB/T 4728.1～13-1996—2000《电气简图用图形符号》、GB/T 6988.1～4—2002《电气技术文件的编制》、GB/T 6988.6-1993《控制系统功能图表的绘制》、GB/T 7159—1987《电气技术中的文字符号制定通则》、GB 5226—1985《机床电气设备通用技术条件》和 GB/T 6988—1997《电气技术通用文件的编制》等。国家规定，从 1990 年 1 月 1 日起，电气控制线路中的图形符号和文字符号必须符合最新版国家标准。

1．图形符号

图形符号通常指用图样或其他文件表示一个设备或概念的图形、标记或字符。它由一般符号、符号要素、限定符号等组成：

（1）一般符号。一般符号是用以表示某类产品或产品特征的一种简单符号。它们是各类元器件的基本符号，如一般电阻器、电容器的符号。

（2）符号要素。符号要素是一种具有确定意义的简单图形，必须同其他图形组合以构成一个设备或概念的完整符号。如三相绕线式异步电动机是由定子、转子及各自的引线等几个符号要素构成的，这些符号要求有确切的含义，但一般不能单独使用，其布置也不一定与符号所表示的设备的实际结构相一致。

（3）限定符号。限定符号是用以提供附加信息的一种加在其他符号上的符号。限定符号一般不能单独使用，但它可使图形符号更具多样性。如在电阻器一般符号的基础上分别加上不同的限定符号，则可得到可变电阻器、压敏电阻器、热敏电阻器等。

2．文字符号

文字符号适用于电气技术领域中文件的编制，也可表示在电气设备、装置和元器件上或其近旁，以标明电气设备、装置和元器件的名称、功能和特征。文字符号分为基本文字符号和辅助文字符号，要求用大写正体拉丁字母表示。

（1）基本文字符号。

基本文字符号有单字母与双字母符号两种：单字母符号是用拉丁字母将各种电气设备、装置和元器件划分为 23 个大类，每一大类用一个专用单字母符号表示。如"C"代表电容器类，"M"代表电动机类。双字母符号是由一个表示种类的单字母符号与另一个字母组成。组合形式要求单字母符号在前，另一个字母在后。如"M"代表电动机类，"MD"代表直流电动机。

（2）辅助文字符号。

辅助文字符号是用以表示电气设备、装置和元器件以及线路的功能、状态和特征的。如"RD"表示红色，"L"表示限制等。辅助文字符号也可放在表示种类的单字母符号后边组成双字母符号，如"YB"表示电磁制动器，"SP"表示压力传感器等。辅助文字符号还可以单独使用，如"ON"表示接通，"N"表示中性线等。

3．主电路和控制电路各接点标记

（1）主电路各接点标记。

三相交流电源引入线采用 L1、L2、L3 标记，中性线采用 N 标记。电源开关之后的三相交流电源主电路分别按 U、V、W 顺序标记。分级三相交流电源主电路采用三相文字代号 U、V、W 前加上阿拉伯数字 1、2、3 等来标记，如 1U、1V、1W，2U、2V、2W 等。

各电动机分支电路各接点标记,采用三相文字代号后面加数字来表示。数字中的个位数表示电动机代号,十位数表示该支路各接点的代号,从上到下按数字大小顺序标记。如 U11 表示 M1 电动机的第一相的第一个接点代号,U21 为第一相的第二个接点代号,依此类推。电动机绕组的首端分别用 U、V、W 标记,尾端分别用 U′、V′、W′ 标记,双绕组的中点则用 U″、V″、W″ 标记。

（2）控制电路接点标记。

控制电路采用阿拉伯数字编号,一般由三位或三位以下的数字组成。标记方法按"等电位"原则进行。在垂直绘制的电路中,标号顺序一般由上而下编号,凡是被线圈、绕组、触点或电阻、电容等元件所间隔的线段,都应标以不同的电路标号。

（二）电气原理图

电气原理图是用来表示电路中各电器元件的导电部件的连接关系和工作原理的。它应根据简单、清晰的原则,采用电器元件展开的形式来绘制,而不按电器元件的实际位置来画,也不反映电器元件的大小。其作用是为了分析电路的工作原理,指导系统或设备的安装、调试与维修。电气原理图必须按所规定的文字符号和回路标号进行绘制。下面以如图 2.1 所示的电气原理图为例,介绍电气原理图的绘制原则、方法及注意事项。

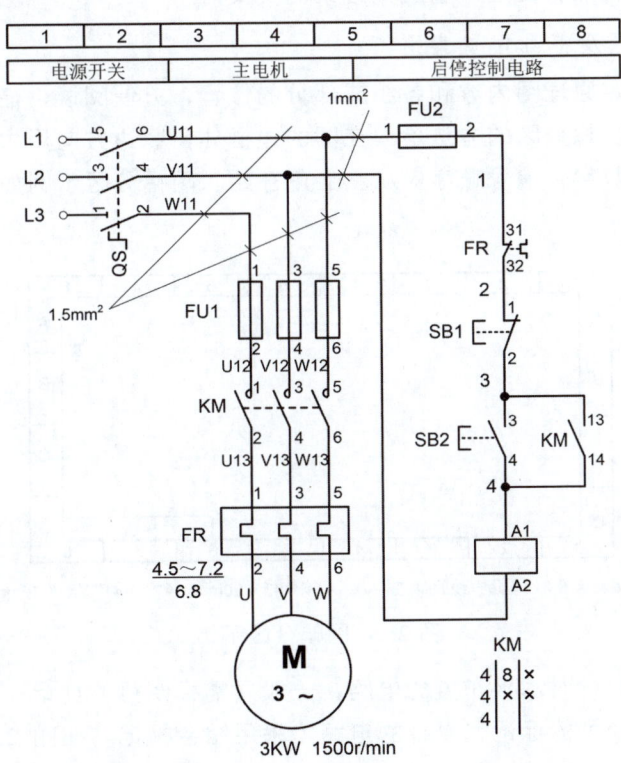

图 2.1 单向长动控制电路图

1. 电气原理图的绘制原则

（1）电气原理图一般分主电路和辅助电路两部分。主电路是指从电源到电动机大电流通过的电路。辅助电路包括控制电路、照明电路、信号电路及保护电路等,它们由接触器和继电器的线圈、接触器的辅助触点、继电器触点、按钮、控制变压器、熔断器、照明灯、信号灯及控制开关等电器元件组成。

（2）控制系统内的全部电机、电器和其他器械的带电部件，都应在原理图中表示出来。

（3）原理图中各电器元件不画实际的外形图，而采用国家规定的统一标准，图形符号、文字符号也要符合国家标准规定。

（4）原理图中各电器元件和部件在控制电路中的位置，应根据便于阅读的原则安排。同一电器元件的各个部件可以不画在一起，但必须采用相同的文字符号标明。

（5）图中各元器件和设备的可动部分，都按没有通电和没受外力作用时的自然状态画出。例如，接触器、继电器的触点，按吸引线圈不通电状态画；控制器按手柄处于零位时的状态画；按钮、行程开关等触点按不受外力作用时的状态画。

（6）原理图的绘制应布局合理、排列均匀，便于阅读；原理图可以水平布置，也可以垂直布置。

（7）电器元件应按功能布置，具有同一功能的电器元件应集中在一起，并按动作顺序从上到下、从左到右依次排列。

（8）原理图中有直接电联系的导线连接点，用黑圆点表示；无直接电联系的导线交叉点不画黑圆点，但应尽量避免线条的交叉。

2．图幅分区及符号位置索引

为了便于确定原理图内容和各组成部分的位置，方便阅读，往往需要将图面划分为若干区域。图幅分区的方法是：在图的边框处，竖边方向用大写拉丁字母，横边方向用阿拉伯数字，编号顺序应从左上角开始。图幅分区示例如图2.2所示。

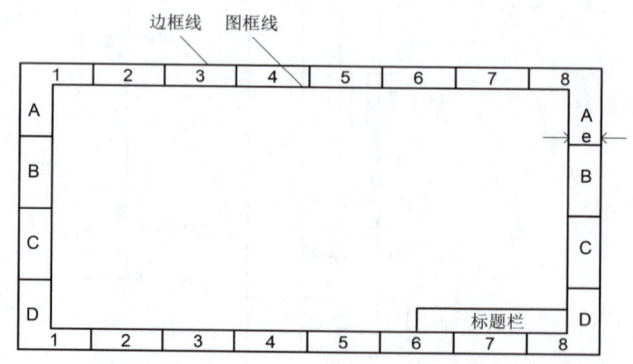

注：e表示图框线与边框线的距离，A0、A1号图纸为20mm，A2～A4号图纸为10mm。

图2.2　图幅分区示例

在具体使用时，对水平布置的电路，一般只需标明行的标记；对垂直布置的电路，一般只需标明列的标记；复杂的电路才采用组合标记。在图2.1中，只标明了列的标记。

另外，在图区编号的下侧一般还设有用途栏，用文字注明该栏对应的下方电路或元件的功能，以利于理解全电路的工作原理。

由于接触器、继电器的线圈和触点在电气原理图中不是画在一起的。为了便于阅读，在接触器、继电器线圈的下方画出其触点的索引表，阅读时可以通过索引表方便地在相应的图区找到其触点,如图 2.1 中的 KM。对于接触器,索引表有 3 栏,如表 2.1 所示,有主触点、辅助常开和常闭触点图区号。

表 2.1 接触器索引表

左 栏	中 栏	右 栏
主触点所在图区号	辅助常开触点所在图区号	辅助常闭触点所在图区号

对于继电器,索引表只有两栏,如表 2.2 所示,有常开、常闭触点图区号。

表 2.2 继电器索引表

左 栏	右 栏
常开触点所在图区号	常闭触点所在图区号

3. 电气原理图中技术数据的标注

电气原理图中各电器元件的相关数据及型号,一般在电器元件文字符号的下方标注出来。如图 2.1 所示热继电器 FR 下方标注的数据,表示热继电器的动作电流值为 4.5~7.2 A 和整定电流值为 6.8 A;图中连接导线上的 1 mm^2、1.5 mm^2 字样表明该导线的截面积。

(三)电气设备安装图

电气设备安装图是用来表明各种电气设备在生产机械和电气控制柜中实际安装的位置。各电气设备的安装位置由生产机械设备的结构和工作要求决定。在布置电气设备安装位置时必须注意以下几个方面:

(1)体积大和较重电器元件应将其安装在电器安装板的下方,而发热元件应安装在电器安装板的上方。

(2)强电和弱电设备应分开安装。为防止干扰,弱电设备应进行屏蔽。

(3)需要经常维护、维修、调整的电气设备的安装位置不能太高或太低。

(4)电气设备安装图中各电器的文字符号必须与电路图的接线图的标注保持一致。

(5)电器元件布置不宜过密。若采用板前走线槽配线方式,应适当加大各排电器间距以便于布线和维护。

各电器元件的位置确定以后,便可绘制电器布置图。绘制电气设备安装图时,需遵循以下规则:

(1)根据电器元件的外形绘制,并标出各元件间距尺寸。

(2)电器元件的安装尺寸及其公差范围,应严格按产品手册标准标注,作为底板加工依据。

(3)在电器布置图设计中,还要根据本部件进出线的数量和采用的导线规格,选择进出线方式,并选用适当接线端子板或接插件,按一定顺序标上进出线的接线号。

(四)电气设备接线图

电气设备接线图用来表示各电气设备之间的实际接线情况,根据它便于进行线路检查、线路维修和故障处理等。在绘制、识读电气设备接线图时必须遵循以下规则:

（1）电气设备接线图中一般要标识电气设备的电器元件的相对位置、文字符号、端子号、导线号、导线类型、导线截面面积、屏蔽和导线绞合等内容。

（2）所有电气设备均按实际安装位置绘出，元件所占图面按实际尺寸以统一比例绘制。对于同一电器的各元件根据其实际结构，使用与电路图相同的图形符号画在一起，并用点画线框起来。各电器元件的图形符号和文字符号必须与电气原理图的标注一致，同一电器元件的各个部分必须画在一起，并符合国家标准，便于对照检查。

（3）各电器元件上，凡是需接线的部件端子都应绘出，并进行编号，且端子编号必与电气原理图上的导线编号一致。

（4）图中一律采用细线条进行绘制，在绘制时注意有板前走线及板后走线两种不同的方式。

（5）对于简单部件，电器元件数量较少，接线关系不复杂，可直接画出元件间的连线；对于复杂部件，电器元件数量多，接线较复杂，线路一般是采用走线槽，只要在各电器元件上标出接线号，不必画出各电器元件间连线。

（6）图中应标出各种导线的型号、规格、截面面积及颜色。

（7）除大截面导线外，各部件的进出线都应经过接线板。

（五）电气原理图的分析方法

在阅读和分析电气控制原理图之前，必须先了解设备的主要结构、运动形式、电力拖动形式、控制要求、电机和电器元件的分布状况等内容。常用的分析方法有查线读图法和逻辑代数法两种。

1．查线读图法

（1）了解电气图的名称及用途栏中有关内容。凭借有关的电路基础知识，对该电气图的类型、性质和作用等内容有大致了解。

（2）从主电路入手，通常从下往上看，即从电动机和电磁阀等执行元件开始，经控制元件，顺次往电源看。要搞清执行元件是怎样从电源取电的，电源是经过哪些元件到达负载的。

（3）通过主电路中控制元件的文字符号，在控制电路中找到有关的控制环节及环节间的联系。

（4）在控制电路中从左到右看各条回路，分析各回路元器件的工作情况及对主电路的控制，搞清回路功能，以及各元件间的联系（如顺序、互锁等）、控制关系和回路通断的条件等。

（5）检查各个辅助电路，看是否有遗漏。包括电源显示、工作状态显示、照明和故障报警等部分，从整体上理解各控制环节之间的联系，理解电路中每个元件所起的作用。

2．逻辑代数法

由接触器、继电器组成的控制电路中，电器元件只有两种状态，线圈通电或断电，触点闭合或断开。在逻辑代数中，变量只有"1"和"0"两种取值。因此，可以用逻辑代数来描述这些电器元件在电路中所处的状态和连接方法。

（1）电器元件的逻辑表示。

电器元件的逻辑表示一般规定如下：继电器、接触器线圈通电状态为"1"、断电状态为"0"，继电器、接触器、按钮、行程开关等电器元件触点闭合时状态为"1"，断开时状态为"0"。元件线圈、常开触点用原变量表示，如接触器用 KM、继电器用 K、行程开关用 SQ 等，而常闭触点用反变量表示，如 $\overline{KM}$、$\overline{K}$、$\overline{QS}$ 等。若元件为"1"状态，则表示线圈通电、常开触点闭合或常闭触点断开；若元件为"0"状态，则相反。

（2）电路的逻辑表示。

电路中，触点的串联关系可用逻辑"与"表示，即逻辑乘（·）；触点的并联关系用逻辑"或"表示，即逻辑加（+）。一个电动机启停控制电路如图 2.3 所示。停止按钮 SB1，启动按钮 SB2，其接触器 KM 线圈的逻辑式为：

$$f(KM) = \overline{SB1} \cdot (SB2 + KM)$$

按下 SB2 时，则 SB2 = 1，由于 SB1 = 1，所以 $f(KM) = 1 \cdot (1 + KM) = 1$，即线圈 KM 通电。当松开 SB2 后，则 $f(KM) = 1 \cdot (0 + 1) = 1$，线圈仍然处于通电状态。需要说明的是，实际电路的逻辑关系往往比本例复杂得多，但都是以"与""或""非"为基础的。有些复杂电路，通过对其逻辑表达式的化简，可使线路得到简化。

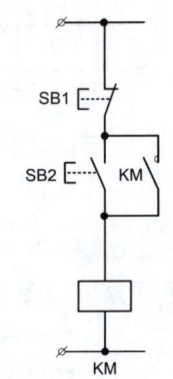

图 2.3 电动机启停控制电路

（六）设计电路时注意事项

（1）设计电气原理图时，要考虑工程施工的要求。例如，如图 2.4 所示的双控电路，图（b）与图（a）相比，具有节省连接导线、可靠性高的优点。

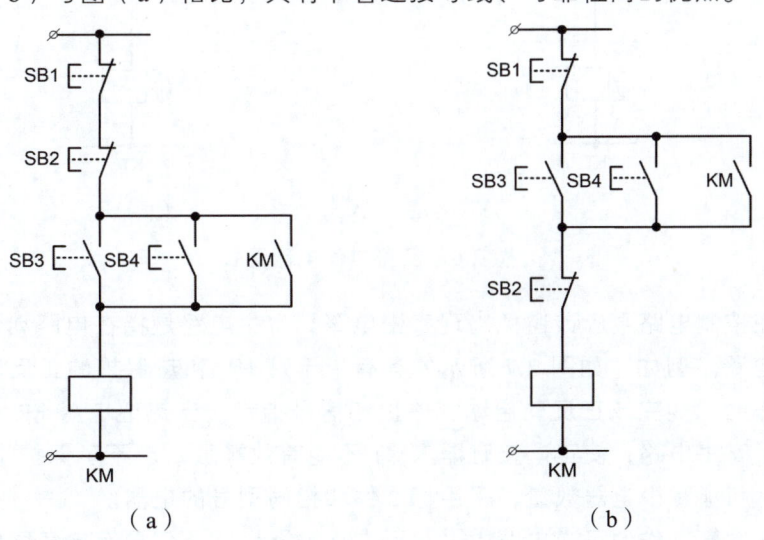

图 2.4 双控电路图

（2）减少控制触点，提高可靠性。例如，如图 2.5 所示的控制电路，在图（a）的电路中，继电器线圈电流需要依次流过多个触点；在图（b）控制电路中，每一个继电器线圈电流仅流过一个触点，可靠性更高。

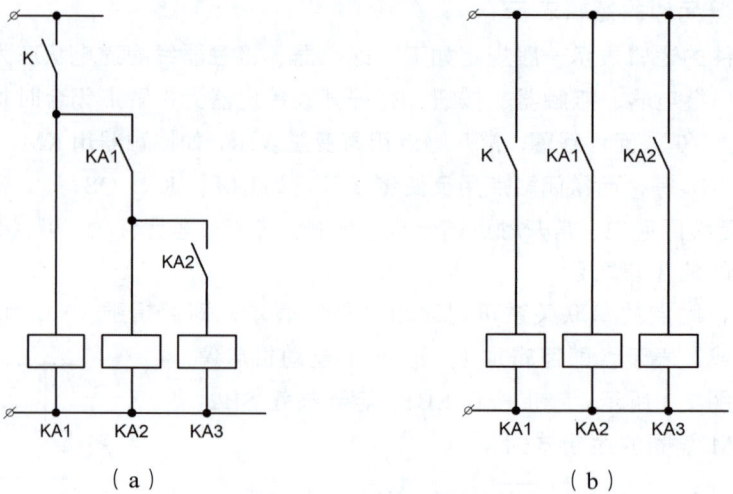

图 2.5 控制电路图

（3）防止出现竞争现象。例如，如图 2.6（a）所示的反身自停电路，存在电气导通的竞争现象。如图 2.6（b）所示为无竞争的反身自停电路。

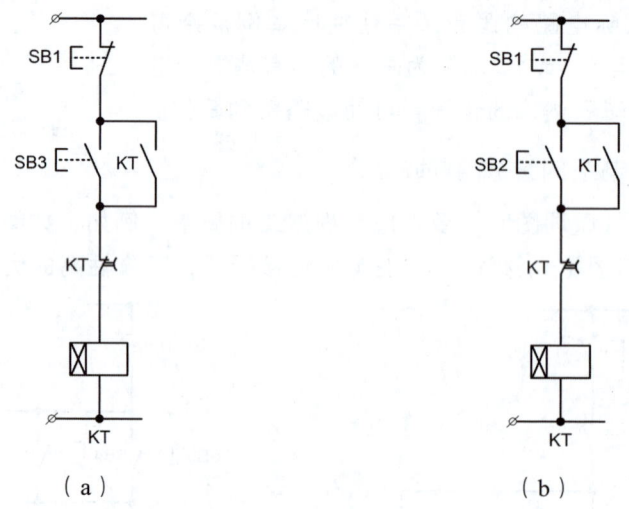

图 2.6 反身自停电路图

（4）在控制电路中应该避免出现寄生电路。寄生电路是指在电路动作过程中意外接通的电路。例如，如图 2.7 所示的具有指示灯 HL 和热保护的正反向电路，电路正常工作时，能完成正反向启动、停止和信号指示。当热继电器 FR 动作时，电路就出现了寄生电路，使正向接触器 KM1 不能有效释放，起不了保护作用。

（5）尽可能减少电器数量，采用标准件和相同型号的电器。

（6）在频繁操作的可逆电路中，正反向接触器之间不仅要有电气联锁，而且还有机械联锁。

（7）设计的线路应适用于所在电网的质量和要求。

（8）在线路中采用小容量继电器触点来控制大容量接触器的线圈。

（9）要有完善的保护措施。

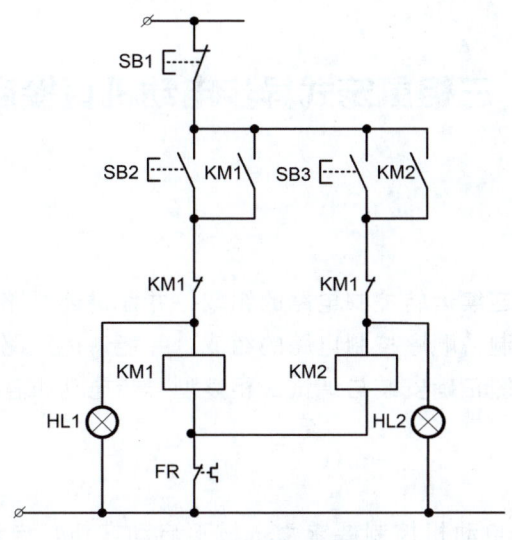

图 2.7 双控电路图

常用的保护措施有漏电流、短路、过载、过电流、过电压、失电压等保护环节，有时还应设有合闸、断开、事故、安全等必需的指示信号。

（七）电气控制基本线路的安装

安装电气控制基本线路时，一般需按以下步骤进行：

（1）对电路图识读，明确线路所用电器元件，分析各元器件的作用，熟悉线路工作原理。

（2）根据电路图或元件明细表配齐电器元件，并对元器件进行仔细检查。

（3）根据电器元件选配合适的安装工具和控制板，对照电气设备安装图和电气设备接线图，在控制板上按要求将相应的电器元件固定，并贴上相应的文字符号。

（4）根据电动机容量的大小选择合适的导线。一般控制电路导线选择截面为 $1\ mm^2$ 的铜芯线，按钮线采用截面为 $0.75\ mm^2$ 的铜芯线，接地线采用截面不小于 $1.5\ mm^2$ 的铜芯线。

（5）将导线的两端用套管套上与电路图一致的编号。

（6）安装电动机，并连接电动机和所有电器元件金属外壳的保护接地线，再将电源、电动机等控制外部的导线连接好。

（7）自检，交验，通电试车。

习题与思考题

1. 什么是电气控制系统图？它有哪些种类？
2. 简述电气图的图文符号含义。
3. 电气控制原理图的绘制基本原则是什么？
4. 查线读图法是按什么步骤读图的？
5. 电气控制电路图设计有哪些基本内容？
6. 电气控制电路图设计有哪些注意事项？

任务二　三相鼠笼式异步电动机直接启动控制

学习目标

（1）掌握点动、连续运转控制电路的组成，并能讲述线路的工作原理。
（2）掌握多地控制、顺序控制电路的组成，并能讲述线路的工作原理。
（3）能根据电路图正确安装与调试三相笼型异步电动机直接启动控制电路。

一、任务导入

某三相笼型异步电动机控制要求为：按下启动按钮，电动机连续工作；按下停止按钮，电动机停转。控制系统要求有短路保护、过载保护、失压及欠压等保护措施。

二、相关知识

三相异步电动机具有结构简单、运行可靠、坚固耐用、价格便宜，维修方便等一系列优点。与同容量的直流电动机相比，异步电动机还具有体积小、重量轻、转动惯量小等特点，所以在工矿企业中广泛使用异步电动机。三相异步电动机的控制线路大多由接触器、继电器、闸刀开关、按钮等有触点的电路进行有机组合而成。异步电动机按其内部结构的不同分为鼠笼式异步电动机和绕线式异步电动机，两者的内部构造不同，所以控制线路也有所不同。三相异步电动机的基本控制主要有鼠笼式异步电动机的启动控制、绕线式异步电动机的启动控制、正反转控制、调速控制、顺序控制、制动控制和多地控制等。

三相鼠笼式异步电动机的启动有两大类：全压启动和降压启动。全压启动是指在变压器容量允许情况下，以全电压的方式直接启动三相鼠笼式异步电动机；降压启动是指启动时降低电压，待电动机启动后再将电压恢复到额定值，使电动机在额定电压下运行。对于 10 kW 及其以下容量的三相异步电动机，通常采用全压启动，但对于 10 kW 以上容量的电动机一般采用降压启动。这是因为异步电动机的全压启动电流一般是额定电流的 4～7 倍，过大的启动电流会降低电动机的使用寿命，致使变压器二次电压大幅度下降，减小电动机本身的启动转矩，有时甚至使电动机无法启动，并且会影响同一供电网络中其他设备的正常工作，所以对于 10 W 以下容量的电动机可以直接采用全压启动。降压启动可以减少启动电流，减小了启动时对线路的影响。

降压启动时，电动机的电磁转矩与定子端电压平方成正比，它的启动转矩较小，所以它适用于电动机为空载或轻载的情况下。对于 10 kW 以上容量的电动机是采用全压启动还是降压控制，可根据电动机容量和电源变压器容量的比值来确定。对于给定容量的电动机，采用以下经验公式来估计：

$$\frac{I_q}{I_e} \leq \frac{3}{4} + \frac{电源变压器容量（kW）}{4 \times 电动机容量（kW）}$$

式中，I_q 表示电动机全电压启动电流（A）；I_e 表示电动机额定电流（A）。

若满足上述经验公式，一般可采用全压启动，否则必须采用降压启动。有时为了限制和减少启动转矩对机械设备的冲击作用，允许全压启动电动机，也多采用降压启动。

鼠笼式异步电动机的全压启动具有控制线路简单、维修工作量少等特点，在许多异步电动机中采用全压启动控制。鼠笼式异步电动机的全压启动控制包含了单向长动控制和单向点动控制。单向点动控制是指操作者按下启动按钮后，电动机运转，操作者松开按钮后，电动机就停止运转，即点一下按钮，电动机运转一下，不点则不动。

单向长动控制是指操作者按下启动按钮后，电动机开始动转，松开后电动机仍然连续运转，直到按下停止按钮后，电动机才停止运转。

（一）电动机单向点动控制

1. 电路组成

三相笼型异步电动机单向点动控制电路，如图 2.8 所示。主电路由隔离开关 QS、熔断器 FU1、接触器 KM 的常开主触点与电动机 M 构成。FU1 作电动机 M 的短路保护。控制电路由按钮 SB、熔断器 FU2、接触器 KM 的线圈构成。FU2 作控制电路的短路保护。

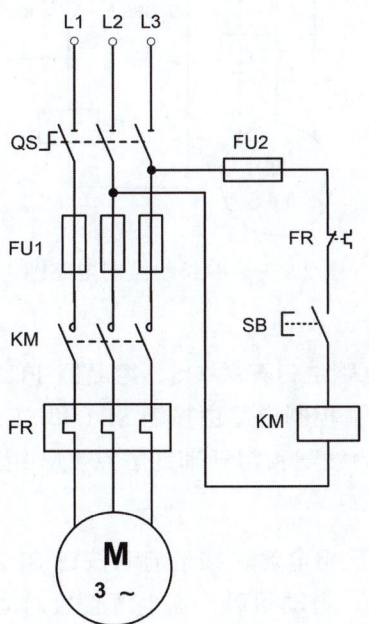

图 2.8 单向点动控制电路图

2. 工作原理

合上电源开关 QS，引入三相电源，按下点动按钮 SB，接触器 KM 线圈得电吸和，KM 的主触点闭合，电动机 M 因接通电源便启动运转。松开按钮 SB，按钮就在自身弹簧的作用下恢复到原来断开的位置，接触器 KM 的线圈失电释放，KM 的主触点断开，电动机失电停止运转。这种按下按钮，电动机转动，松开按钮，电动机停转的控制就称为点动控制，相应的电路称为点动控制电路，它能实现电动机的短时转动，常用于机床的工位、刀具的调整和"电动葫芦"等。

（二）电动机单向长动控制

如果要使上述点动控制电路中的电动机长期运行，就必须用手始终按住启动按钮 SB，这显然是不行的。为了实现电动机的连续运行，需要将接触器的一个辅助动合触点并联在启动按钮的两端，同时为了可以让电动机停止，在控制电路中再串联一个停止按钮，如图 2.9 所示，这就构成了电动机连续运行控制电路，又称电动机长动控制电路。

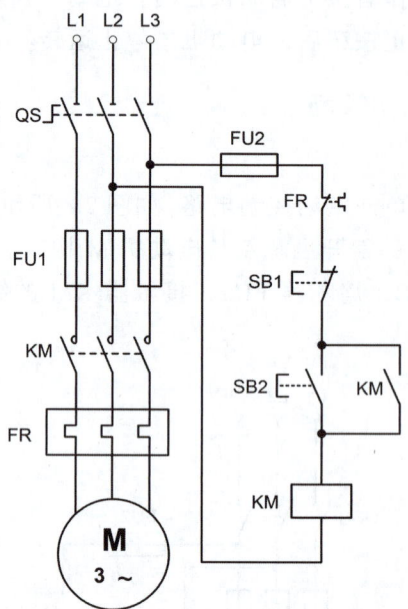

图 2.9　单向长动控制电路图

1．电路组成

电路分为两部分：主电路由刀开关 QS、熔断器 FU1、接触器 KM 的主触点、热继电器 FR 的热元件组成；控制电路由按钮 SB1 和 SB2、热继电器 FR 常闭触点、熔断器 FU2 及接触器 KM 的线圈和常开辅助触点 KM 组成。

2．工作原理

合上刀开关 QS，引入三相电源，按下启动按钮 SB2，交流接触器 KM 电磁线圈通电，KM 的主触点闭合，电动机因接通电源直接启动运转。同时，与 SB2 并联的 KM 辅助触点闭合，即使把手松开，SB2 自动复位时，接触器 KM 的线圈仍可通过接触器 KM 的常开辅助触点使接触器线圈继续通电，从而保证电动机的连续运行。这种依靠接触器自身辅助触点而使其线圈保持通电的现象称为自锁或自保持。这个起自锁作用的辅助触点称为自锁触点。要使电动机 M 停止运转，只要按下停止按钮

SB1，将控制电路断开即可。这时接触器 KM 线圈断电，KM 主触点和自锁触点均恢复到断开状态，电动机脱离电源停止运转。松开停止按钮 SB1 后，SB1 在复位弹簧的作用下恢复闭合状态，此时控制电路已经断开，只有再按下启动按钮 SB2，电动机才能重新启动运转。

3．电路的保护环节

（1）短路保护：熔断器 FU1、FU2 分别实现对主电路和控制电路短路保护。

（2）过载保护：热继电器 FR 具有过载保护作用。使用时将热继电器的热元件接在电动机的主电路中做检测元件，用以检测电动机的工作电流，而将热继电器的常闭触点接在控制电路中。当电动机出现长期过载或严重过载时，热继电器动作，其常闭触点断开，切断控制电路，接触器 KM 线圈断电释放，电动机停转，实现过载保护。

（3）欠压和失压保护。自锁控制的另一个作用是能实现失压和欠压保护。在图 2.9 中，如果电网断电或电网电压低于接触器的释放电压，接触器将因吸力小于反力而使衔铁释放，主触点和自锁触点均断开，电动机断电的同时也断开了接触器线圈的供电电路。此后即使电网供电恢复正常，电动机及其拖动的机构也不会自行启动。这种保护一方面可防止在电源电压恢复时，电动机突然启动而造成设备和人身事故，实现了失压保护；另一方面又可防止电动机在低压下运行，实现了欠压保护。

（三）单向长动和点动的综合控制

单向长动和点动的综合控制如图 2.10 所示，其主电路图与图 2.8 中的主电路相同。图 2.10（a）是利用手动开关 SA 进行长动与点动控制。当手动开关 SA 打开时，按下 SB2 时，电动机进行点动运行。当操作者将手动开关 SA 闭合时，若按下 SB2，KM 线圈得电，形成自锁，对电动进行长动控制。

图 2.10（b）使用了复合按钮 SB3 来实现点动控制。在初始状态下，按下按钮 SB2，KM 线圈得电，KM 主触头闭合，电动机得电启动，同时 KM 常开辅助触头闭合形成自锁，使电动机进行长动运行。若想电动机停止工作，只需按下停止按钮 SB1 即可。工业控制中若需点动控制时，在初始状态下，只需按下复合开关 SB3 即可。当按下 SB3 时，KM 线圈得电，KM 主触头闭合，电动机启动，同时 KM 的常开辅助触头闭合。由于 SB3 的常闭触头打开，因此断开了 KM 自锁回路，电动机只能进行点动控制。

当操作者松开复合按钮 SB3 后，SB3 的常闭触头先闭合、常开触头后打开时，则接通了 KM 自锁回路，使 KM 线圈继续保持得电状态，电动机仍然维持运行状态，这样点动控制变成了长动控制，因此在电气控制中称这种情况为"触头竞争"。触头竞争是触头在过渡状态下的一种特殊现象。若同一电器的常开和常闭触头同时出现在电路的相关部分，当这个电器发生状态变化（接通或断开）时，电器接点状态的变化不是瞬间完成的，还需要一定时间。常开和常闭触头有动作先后之别，在吸合和释放过程中，继电器的常开触头和常闭触头存在一个同时断开的特殊过程。因此在设计电路时，如果忽视了上述触头的动态过程，就可能会导致产生破坏电路执行正常工作程序的触头竞争，使电路设计遭受失败。如果已存在这样的竞争，一定要从电器设计和选择上来消除，如电路上采用延时继电器等。

图 2.10（c）采用了中间继电器 KA 实现长动与点动控制。当按下按钮 SB2 时，中间继电器线圈得电，KA 两个常开触头闭合，其中与 SB2 并联的 KA 常开触头实现自锁，使 KA 线圈继续保持通电状态，另一个 KA 常开触头使 KM 线圈得电，对电动机进行长动控制。电动机在长动运行状态时，按下停止按钮 SB1，KA 线圈失电，使 KM 线圈断电，KM 主触头释放，电动机停止运行。在初始状态下，若想进行点动控制时，只需按下 SB3 按钮即可。

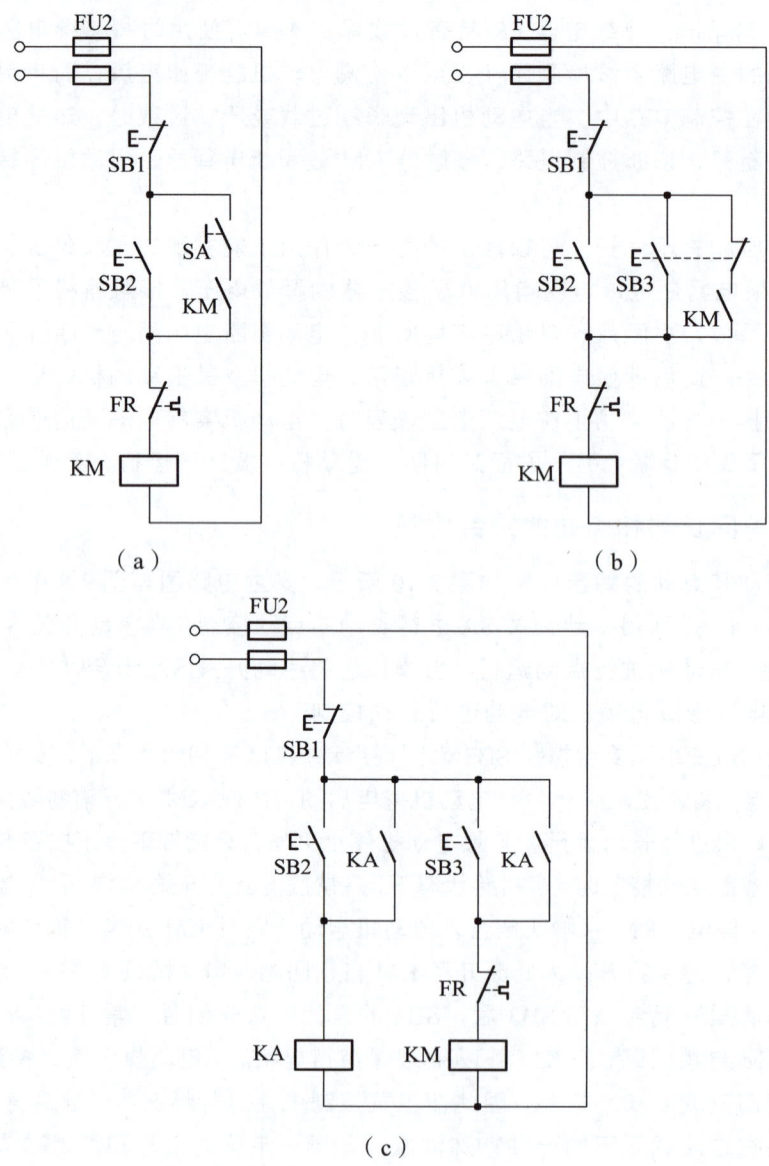

图 2.10 单向长动和点动的综合控制

三、任务实施

1．所需元件和工具

铁质网孔控制板 1 块、交流接触器 1 个、熔断器 4 个、热继电器 1 个、按钮 2

个、接线端子排、塑料线槽、导线、号码管、三相电动机 1 台、万用表 1 块、电工常用工具 1 套等。

2．电气安装接线图

根据三相异步电动机长动控制电气原理图（图 2.9）画出电路安装接线图，如图 2.11 所示。

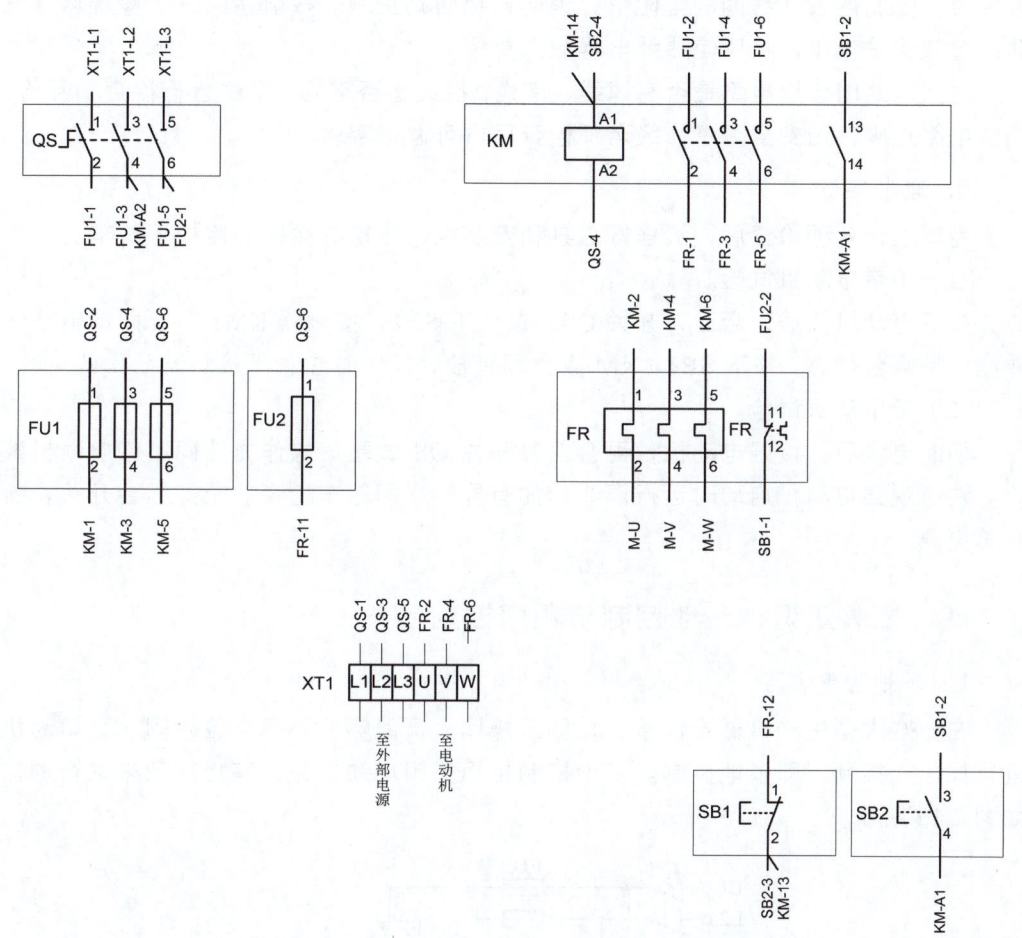

图 2.11 电动机单向长动控制安装接线图

3．电路安装

（1）安装电器与线槽。

查看各元器件质量情况，详细观察各电气元件外部结构，了解其使用方法，并进行安装。

（2）电路接线。

按如图 2.11 所示正确连接电路，按照从上到下，从左到右、先连接主电路、再连接控制电路的顺序进行接线。

4．电路检查

（1）主电路的检查。

拔去控制电路的熔断器，用万用表表笔分别测量 U11—V11、V11—W11、U11—

W11 之间的电阻，结果均应该为断路。按下 KM 的触点架，应测得电动机各相绕组的阻值。

（2）控制电路的检查。

装上控制电路的熔断器，将万用表表笔接在 U11、V11 处应测得断路。按下 SB2，应测得 KM 线圈的电阻值。同时再按下 SB1，万用表应显示线路由通变断。按下 KM 触点架，应测得 KM 线圈的电阻值，说明自锁回路正常。按前述的方法检查热继电器的过载保护作用，然后使热继电器触点复位。

对照电路图检查电路是否有掉线、错线，接线是否牢固。学生自行检查和互检，确认电路正确，无安全隐患，经老师检查后方可通电实验。

5．通电实验

完成上述各项检查后，清理好工具和安装板，在指导教师的监护下试车。

（1）不带电动机试验。

拆下电动机接线，合上刀开关 QS。按一下 SB2，接触器 KM1 应立即得电动作并能保持吸合状态；按下 SB1，KM 应立即释放，操作时注意听接触器动作的声音。

（2）带电动机试验。

切断电源后，接好电动机，再合上刀开关 QS 试验。操作方法同不带电动机试验。注意观察电动机启动时运行声音，如有异常立即停车检查。断开组合开关，断开总电源。

四、拓展知识：多地控制与顺序控制

1．多地控制

在一些大型生产机械或设备上，要求操作人员能够在不同方位对同一台电动机进行操作或控制，即多地控制。多地控制是用多组启动按钮、停止按钮来进行的，如图 2.12 所示。

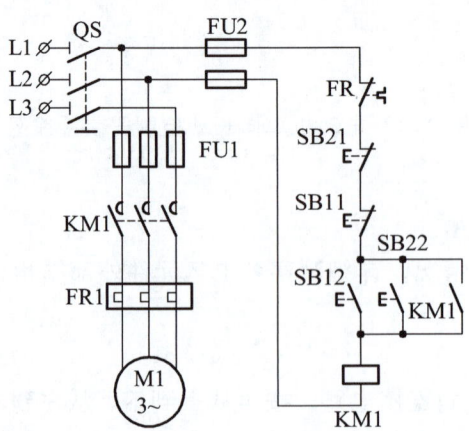

图 2.12 多地控制线路原理图

多地控制时，按钮连接的原则是启动按钮的常开触头要并联、停止按钮的常闭触头要串联。图中 SB11、SB12 安装在甲地，SB21、SB22 安装在乙地。这样可以

在甲地或乙地控制同一台电动机的启动或停止。对于三地或更多地方控制时，只需将各地的启动常开触头并联、停止常闭触头串联即可。

2．三相异步电动机的顺序控制

在实际生产中，有些生产机械上装有多台电动机，各电动机所起的作用不同，有时需要将多台电动机按一定的顺序进行启动或停止，如磨床上的电动机要求先启动液压泵电动机，再启动主轴电动机。

如图2.13所示为两台电动机按顺序控制的线路原理图，图中左方为两台电动机顺序控制主电路，右方为辅助控制电路。工作原理：合上电源开关QS，按下启动按钮SB2时，KM1线圈得电，KM1常开辅助触头闭合形成自锁，KM1主触头闭合，使M1电动机启动，并为M2电动机启动做好准备。KM1主触头闭合后，按下SB3按钮时，KM2线圈得电，才使M2电动机启动。按下停止按钮SB1时，两台电动机同时停止运行。从图中可以看出，若KM1线圈没有得电，即使按下SB3启动按钮，KM2线圈得电，但M2电动机仍不能启动。M2电动机启动时必须M1电动机先启动，因此M2与M1电动机工作存在顺序关系。

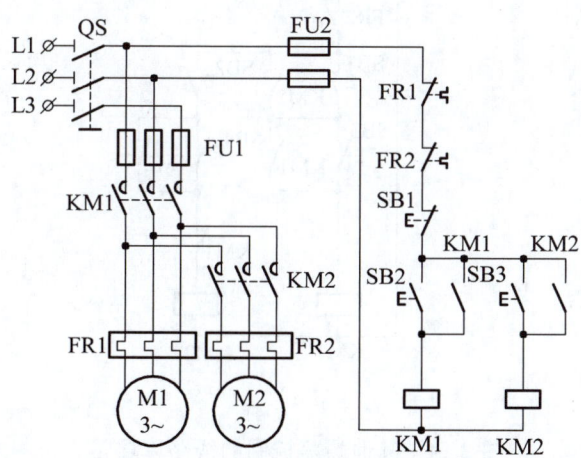

图2.13 按顺序控制的线路原理图

根据实际生产需求，在电气控制中还有其他的顺序控制线路，如图2.14所示。它们的主电路与图2.13左方的主电路相同。图2.14（a）线路的特点是首先必须按下SB2启动按钮，之后按下SB3按钮才能使KM2线圈得电，否则，按下SB2按钮前，即使按下SB3按钮，KM2线圈仍然不能得电。图2.14（b）线路的特点是在按下SB3之前，按下SB4时KM2线圈会得电，但是也必须在启动M1电动机后，才能启动M2电动机。该电路另一特点是：两台电动机在运行时，按下SB2按钮，控制M2电动机停止运转，而M1电动机继续运行。图2.14（c）线路的特点是电动机启动时必须先启动M1电动机后启动M2电动机，停止时必须先切断M2电动机的电源，之后才能停止M1电动机。

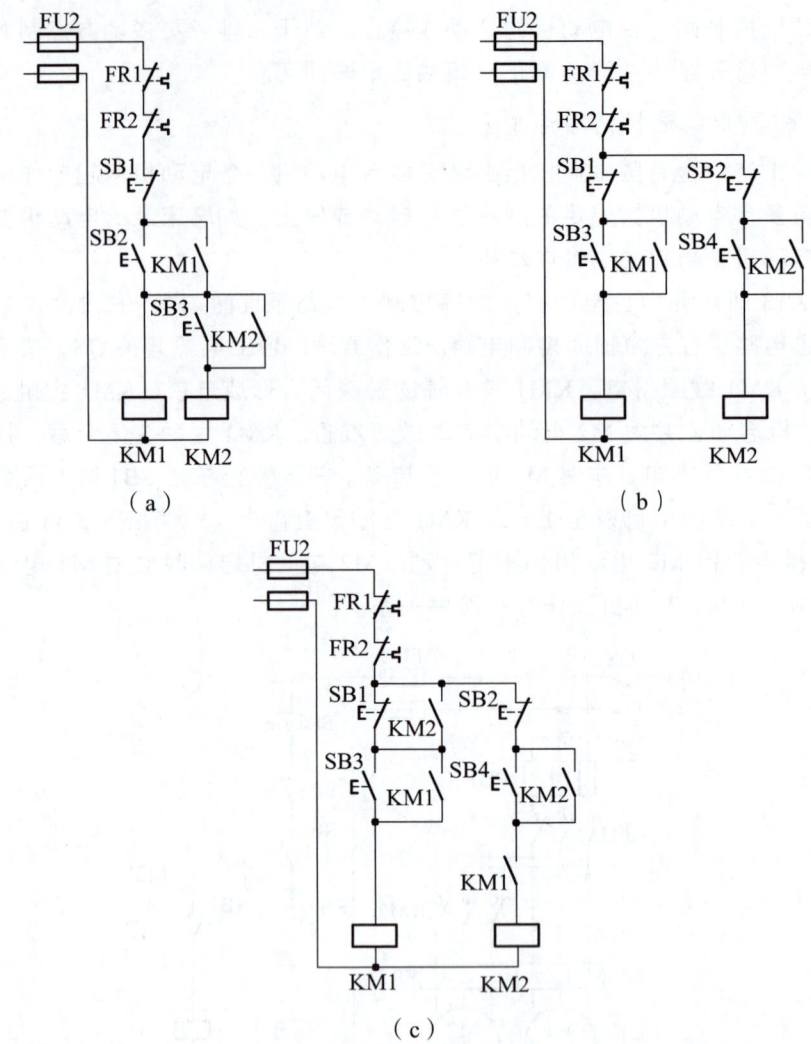

图 2.14 其他顺序控制的线路原理图

习题与思考题

1. 三相笼型异步电动机在什么条件下可以直接启动？
2. 电气图中 QS、FU、KM、KA、KT、SB、SQ 分别表示什么电器元件的文字符号？
3. 说明"自锁"控制电路与"点动"控制电路的区别。
4. 简述点动/长动控制电路的工作原理。
5. 中间继电器和接触器有哪些区别？
6. 试设计一个采取两地操作的既可点动又可连续运行的控制电路。

任务三　三相鼠笼式异步电动机的降压启动控制

> **学习目标**

（1）了解三相笼型异步电动机降压启动的方法、特点及使用条件。
（2）了解定子串电阻降压启动控制电路的组成，并能讲述线路的工作原理。
（3）掌握 Y—△降压启动控制电路的组成，并能讲述线路的工作原理。
（4）掌握自耦变压器降压启动控制电路的组成，并能讲述线路的工作原理。
（5）掌握延边三角形降压启动控制电路的组成，并能讲述线路的工作原理。

一、任务导入

某三相笼型异步电动机控制要求为：按下启动按钮，电动机绕组接成星形降压启动运行，待转速接近额定转速时，自动将绕组换接成三角形全压正常运行；按下停止按钮，电动机停转。控制系统要求有完善的短路保护、过载保护、失压及欠压保护措施。试制作其控制电路。

二、相关知识

鼠笼式异步电动机的降压启动控制方法有多种：定子电路串电阻降压启动、自耦变压器降压启动、星形——三角形降压启动、延边三角形降压启动和软启动（固态降压启动器启动）等。使用这些方法可限制启动电流（一般降低电压后启动电流为电动机额定电流的 2～3 倍），减小对供电线路的影响。

（一）串接电阻降压启动控制

当电动机启动时，在三相定子电路中串接电阻，可降低定子绕组上的电压，使电动机在降低了电压的情况下启动，以达到限制启动电流的目的。

电动机转速接近额定值时，切除串联电阻，使电动机进入全电压下正常工作。串联电阻的切除通常是按时间原则进行。根据该设计思想，串电阻降压启动控制线路如图 2.15 所示。

图 2.15（a）为主电路，其余两个为辅助控制线路。图中，KM1 为降压接触器，KM2 为全压接触器，KT 为降压启动时间继电器。

图 2.15（b）的工作原理：合上电源刀开关 QS，按下启动按钮 SB2 时，KM1 和 KT 线圈同时得电。KM1 线圈得电，主触头闭合，主电路的电流通过降压电阻流入电动机，使电动机降压启动，同时 KM1 的辅助触头闭合，形成自锁。KT 线圈得电开始延时，当延时到一定的时候，KT 延时闭合动合触头闭合，使 KM2 线圈得电。KM2 线圈得电，其主触头闭合，短接电阻 R，使电动机在全电压下进行运转，降压启动过程结束。当按下停止按钮 SB1 时，KM1、KM2 及 KT 线圈的电源电路被切断，

各触头相应地被释放，电动机停止运行，为下次降压启动做好了准备。

图 2.15（c）的工作原理：按下启动按钮 SB2，KM1 和 KT 线圈同时得电。KMI 线圈得电，主触头闭合，主电路的电流通过降压电阻流入电动机，使电动机降压启动，同时 KM1 的辅助触头闭合，形成自锁。KT 线圈得电开始延时，当延时到一定的时候，KT 延时闭合动合触头闭合，使 KM2 线圈得电。KM2 线圈得电，其辅助常开触头闭合，形成自锁，辅助常闭触头打开，切断了 KM1 和 KT 线圈的电源，KM2 主触头闭合，使电动机全电压进行运行。同样，当按下 SB1 时，KM2 线圈失电，使电动机停止运转。

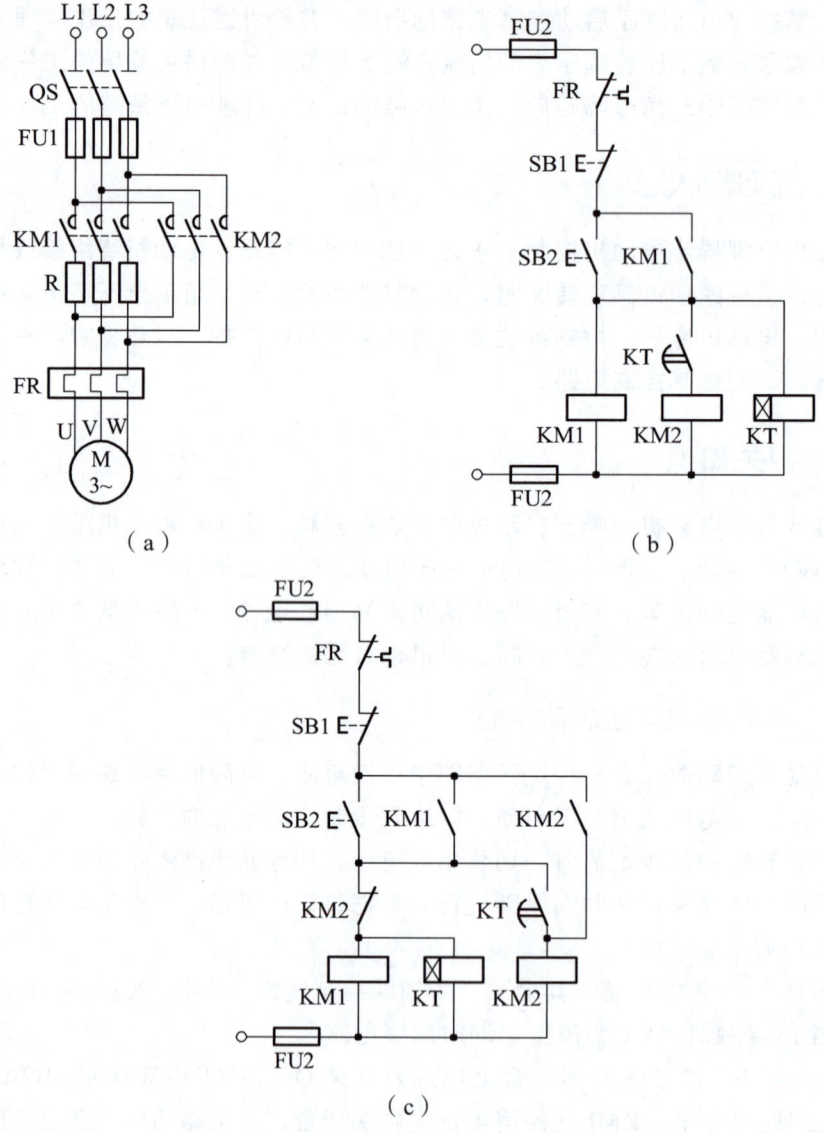

图 2.15 串电阻降压启动控制线路

串电阻降压启动控制线路具有结构简单、成本低、动作可靠等优点。由于定子串电阻降压启动时，启动电流随定子电压成正比下降，而启动转矩则按电压下降比例的平方倍下降，同时每次启动时电阻都消耗大量的电能，因此串电阻降压启动法只适用于要求启动平稳的中小容量及启动不频繁的三相鼠笼式异步电动机控制线路中。

（二）星形—三角形降压启动控制

星形—三角形降压启动又称为 Y-△ 降压启动，简称星三角降压启动。对于正常运行时定子绕组接成三角形的三相鼠笼式异步电动机，将可接成星三角降压启动。启动时，定子绕组先接成星形，待电动机转速上升到接近额定转速时，将定子绕组接成三角形，电动机进入全电压运行状态。定子绕组的接法如图 2.16 所示。

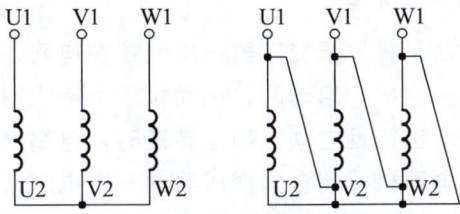

图 2.16　定子绕组的接法

星形—三角形降压启动也是按时间原则进行控制的。它与前面两种降压方法不同，电动机启动时每相定子绕组上的电压为电源的相电压（220 V），减小了启动电流对电网的影响。电动机正常运行时，每相定子绕组上的电压为电源的线电压（380 V）。星形—三角形降压启动控制线路如图 2.17 所示。

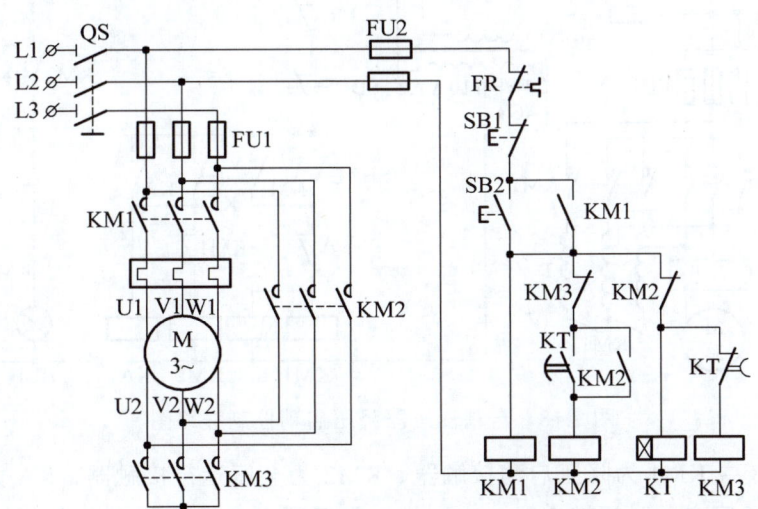

图 2.17　星形—三角形降压启动控制线路图

电路的工作原理：合上电源刀开关 QS，按下启动按钮 SB2，KM1、KT、KM3 线圈得电。KM1 线圈得电，辅助常开触头闭合，形成自锁，KM1 主触头闭合，为电动机的启动做好准备。KM3 线圈得电，主触头闭合，使电动机绕组接成星形，进行降压启动。KM3 的辅助常闭触头打开，防止电动机在启动过程中由于误操作而发生短路故障。当电动机转速接近额定转速时，KT 的延时打开动断触头打开，使 KM3 线圈失电，而 KT 的延时闭合动合触头闭合。当 KM3 线圈断电时，主触头断开，同时辅助常闭触头闭合，使 KM2 线圈得电。KM2 线圈得电，辅助常开触头自锁，辅助常闭触头打开，切断 KT 线圈的电源，主触头闭合使电动机定子绕组接成三角形而全电压运行。KM2、KM3 常闭触头为互锁触头，可防止同时接成星形和三角形造成电源短接现象。

星形—三角形降压启动过程中，当定子绕组接成星形时，启动电压为三角形接法的 $1/\sqrt{3}$，启动电流为三角形接法的 $1/3$，因此它具有启动电流特性好、线路较简单的特点。但是星形—三角形降压启动的启动转矩也较小，它只适用于轻载或空载的启动场合。

（三）自耦变压器降压启动

自耦变压器降压启动是将自耦变压器一次侧接在电网上，启动时定子绕组接在自耦变压器的二次侧上。这样，启动时，电动机定子绕组得到的电压为自耦变压器的二次电压。待电动机转速接近电动机额定转速时，自耦变压器被切除，电动机绕组直接与电源相连，即电动机得到自耦变压器的一次电压，进入全电压运行状态。自耦变压器和串电阻启动线路的设计思想基本相同，都是按时间原则完成电动机的降压启动过程。

通常将这种自耦变压器称为启动补偿器，这种降压启动又称为自耦补偿启动，其控制线路如图 2.18 所示。

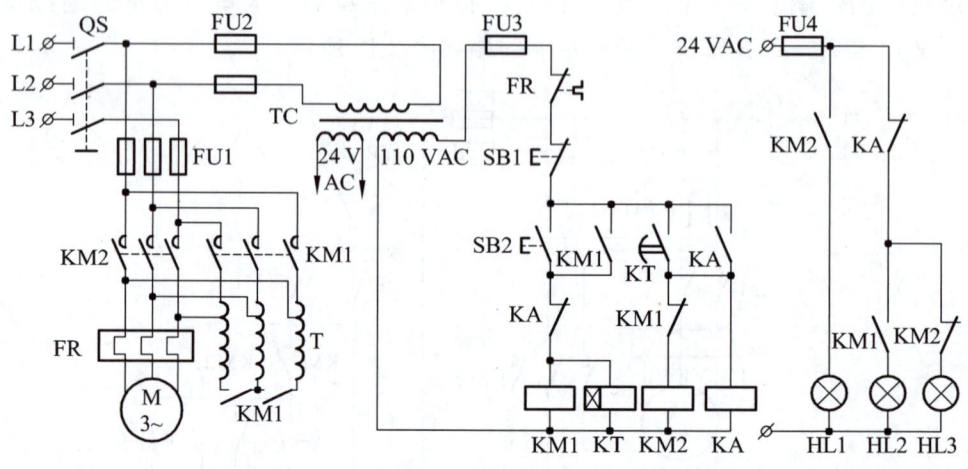

图 2.18 自耦变压器降压启动控制线路图

图 2.18 中 KM1 为降压启动接触器，KM2 为全压运行接触器，KA 为中间继电器，KT 为降压启动时间继电器，HL1 为正常运行指示灯，HL2 为降压启动指示灯，HL3 为电源指示灯。

电路的工作原理：合上电源刀开关 QS，HL3 电源指示灯亮。按下启动按钮 SB2，KM1、KT 线圈得电。KM1 线圈得电，辅助常开触头闭合，形成自锁，主触头闭合，将自耦变压器接入，电动机由自耦变压器二次电压供电做降压启动，HL2 指示灯亮，表示电动机正在进行降压启动。当电动机转速接近额定转速时，降压启动时间继电器 KT 的延时闭合动合触头闭合，使 KA 线圈得电。KA 线圈得电，其常开触头闭合，形成自锁，常闭触头打开，切断 KM1 线圈的电源。KM1 线圈断电释放，将自耦变压器从电路切除，同时 KM2 线圈得电。KM2 线圈得电，其主触头闭合，使电源电压全部加在电动机的定子上,实现电动机的全电压运行。KA 另一常闭触头的打开,使指示灯 HL2 和 HL3 回路断开,不进行指示,但是由于 KM2 的辅助常开触头闭合使 HL1 指示灯亮,表示电动机减压启动结束,正进行全电压运行。当按下 SB1 时,KM2 线圈失电,电动机停止转动。

电动机在自耦变压器降压启动过程中,在获得同样转矩的情况下,启动电流比电阻降压的启动电流要小得多,并且对电网电流的冲击小,功率损耗也小,基于此将自耦变压器称为启动补偿器。自耦变压器降压启动控制适用于较大容量电动机的空载或轻载启动,但是自耦变压器价格较贵,相对电阻结构复杂,体积庞大,它不允许进行频繁操作。

(四)延边三角形降压启动控制

延边三角形控制又称为三角形—三角形控制。电动机启动时,将电动机的定子绕组一部分接成星形,另一部分接成三角形,当电动机启动后,再转换成三角形接法。其连接方法如图 2.19 所示。从图中看出,在降压启动中,绕组的连接就像是一个三角形 3 条边的延长,因此将它称为延边三角形。

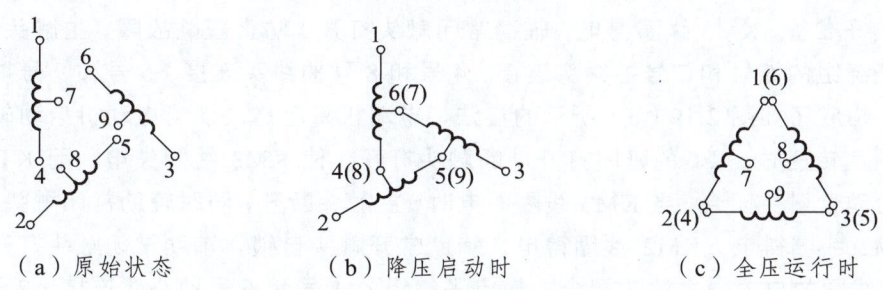

图 2.19 延边三角形定子绕组的连接方法

延边三角形的每相定子绕组都有 3 个抽线头,共 9 个(1~9)抽线头。如果改变定子绕组抽头比,就能改变启动时定子绕组上电压的大小,从而改变启动电流和启动转矩。但通常电动机的抽头比已经固定了,只能在这些抽头比的范围内作有限变动。延边三角形降压启动控制线路如图 2.20 所示,其辅助控制电路与星形—三角形的辅助控制电路相同。

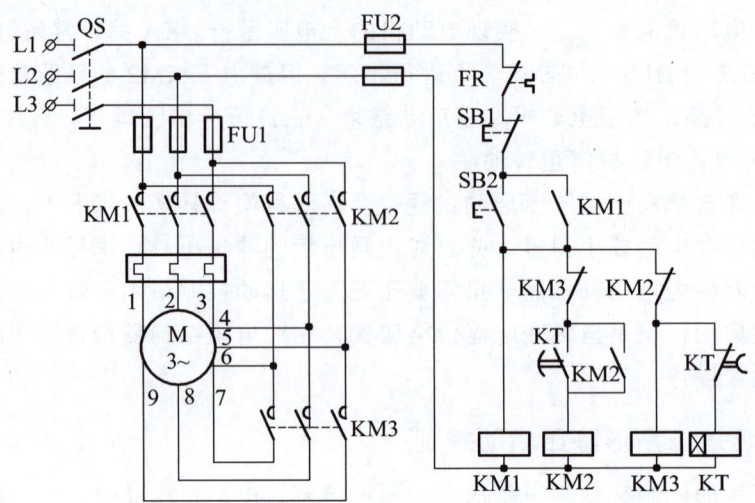

图 2.20　延边三角形降压启动控制线路图

电路的工作原理：合上电源刀开关 QS，按下启动按钮 SB2，KM1、KM3 和 KT 线圈得电。KM1 线圈得电，辅助触头闭合，形成自锁，主触头闭合，为降压启动做好准备。KM3 线圈得电，辅助常闭触头打开，防止短路故障，主触头闭合，使定子绕组的 6 号和 7 号抽线头连接、4 号和 8 号抽线头连接、5 号和 9 号抽线头连接，构成了如图 2.19（b）所示的接法，电动机降压启动。当电动机启动转速接近于额定转速时，KT 的延时打开动断触头打开，使 KM3 线圈失电，而 KT 的延时闭合动合触头闭合。当 KM3 线圈断电时，主触头断开，同时辅助常闭触头闭合，使 KM2 线圈得电。KM2 线圈得电，辅助常开触头自锁，辅助常闭触头打开，切断 KT 线圈的电源，主触头闭合，使定子绕组的 1 号和 6 号抽线头连接、2 号和 4 号抽线头连接、3 号和 5 号抽线头连接，构成了如图 2.19（c）所示的接法，电动机全电压运行。同样，KM2、KM3 常闭触头为互锁触头，可防止抽线头转接过程中的电源短接现象。

三、任务实施

1. 所需元件和工具

铁质网孔控制板（1 块）、交流接触器（3 个）、熔断器（5 个）、热继电器（1 个）、电源隔离开关（1 个）、按钮（2 个）、接线端子排、塑料线槽、导线、号码管、三相电动机（1 台）、万用表（1 块）、电工常用工具（1 套）等。

2. 电气安装接线图

根据三相异步电动机星形—三角形降压启动控制电路原理图（图 2.17）画出电路安装接线图。此图由学生自行绘制。

3. 电路安装

（1）安装电器与线槽。

查看各元器件质量情况，详细观察各电气元件外部结构，了解其使用方法，并进行安装。

（2）电路接线。

按电气安装接线图正确连接电路，按照从上到下，从左到右、先连接主电路、再连接控制电路的顺序进行接线。

4．电路检查

对照电路图检查电路是否有掉线、错线，接线是否牢固。学生自行检查和互检，确认电路正确，无安全隐患，经老师检查后方可通电实验。

5．通电实验

完成上述各项检查后，清理好工具和安装板，在指导教师的监护下试车。

习题与思考题

1. 三相笼形异步电动机常用的降压启动方法有几种？并简述各自的工作原理。
2. 电气控制系统中的保护环节有哪些？并分别简述其原理。

任务四　三相异步电动机的正/反转控制

学习目标

（1）了解三相异步电动机改变旋转方向的方法。
（2）了解手动开关可逆运转控制电路的组成，并能讲述线路的工作原理。
（3）掌握接触器互锁、双重互锁控制电路的组成，并能讲述线路的工作原理。
（4）掌握行程控制电路的组成，并能讲述线路的工作原理。
（5）学会电动机可逆运转控制电路的接线、调试及排除故障方法。

一、任务导入

某三相笼型异步电动机控制要求为：按下正转启动按钮，电动机连续正转工作；按下反转启动按钮，电动机连续反转工作，并且正反转可以直接转换；按下停止按钮，电动机停转。控制系统要求有完善的短路保护、过载保护、失压及欠压保护措施。试制作其控制电路。

二、相关知识

由三相异步电动机转动原理可知，要改变电动机的转动方向，只需将电动机定子绕组的相序改变就可实现，即只要将接于电动机定子的三相电源线中的任意两相对调一下即可。因为定子绕组相序改变了，其旋转磁场方向就相应发生变化，转子中感应电势、电流以及产生的电磁转矩都要改变方向，从而改变了电动机的转动方向。下面介绍几种常用的正/反转控制线路。

（一）倒顺开关正/反转控制线路

倒顺开关正/反转控制线路就是操作倒顺开关手柄，改变动、静触头的接触方式来改变电动机电源的相序，其控制电路如图2.21所示。

电路的工作原理：操作倒顺开关QS，当手柄处于"停"位置时，QS的动、静触头没有接触，没有将电路接通，电动机停止；当手柄扳至"顺"位置时，QS的动触头和左边的静触头相接触，电路按L1-U、L2-V、L3-W接通，输入电动机定子绕组的电源电压相序为L1-L2-L3，电动机正转；当手柄扳至"倒"位置时，QS的动触头和右边的静触头相接触，电路按L1-W、L2-V、L3-U接通，输入电动机定子绕组的电源电压相序改变为L3-L2-L1，电动机反转。

在电动机运行过程中，若想改变其运行方向，必须先将倒顺开关扳至"停"位置，待电动机停止后，再将其扳向另一位置。若在改变方向时没有先将倒顺开关扳至"停"位置，而直接改变手柄位置，电动机的定子绕组会因为电源突然反接产生很大的反接电流而过热损坏。

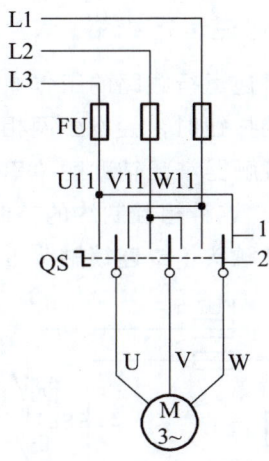

图 2.21　倒顺开关正/反转控制电路图

（二）简单的按钮控制可逆运行线路

电动机可逆运行控制线路，实质是由两个方向相反的单向运行电路构成的。因此，采用两台接触器分别给电动机定子送入 U、V、W 相序和 W、V、U 相序电源即可实现电动机的可逆运行控制。简单的按钮控制可逆运行线路如图 2.22 所示。

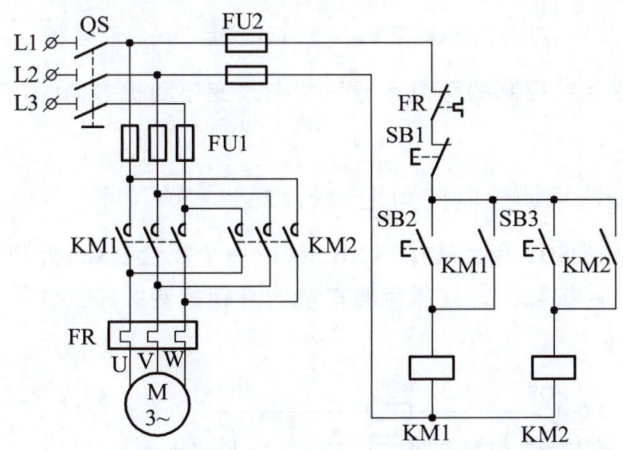

图 2.22　简单的按钮控制可逆运行线路原理图

电路的工作原理：合上电源刀开关 QS，当按下正转开关 SB2 时，KM1 线圈得电，常开触头闭合形成自锁，主触头闭合，使电动机正向启动并运转；当按下反转开关 SB3 时，KM2 线圈得电，常开辅助触头闭合形成自锁，主触头闭合，使电动机反向启动并运转。

若电动机已进入运行状态，接着又按下改变其运行方向的按钮时，由于两个接触器 KM1 和 KM2 线圈均通电吸合，其主触头均闭合，此时会发生电源两相短路故障，致使熔断器 FU1 熔体熔断，电动机无法正常工作。所以，此电路在任何时候只允许一个接触器通电工作。要改变电动机的运行方向，必须首先按下停止按钮后，才允许按下改变运行方向的按钮。

（三）接触器互锁控制的可逆运行线路

通过分析简单的按钮控制可逆运行线路的工作原理可知，电动机在运行过程中，若误操作按下了改变运行方向的按钮时，会发生两相短路故障。为此，通常在控制线路中将 KM1、KM2 正反转接触器常闭辅助触头串接在对方线圈电路中，形成相互制约的控制，如图 2.23 所示，这种相互制约的控制关系称为互锁（或连锁）。实现互锁作用的常闭触头称为互锁触头（或连锁触头）。

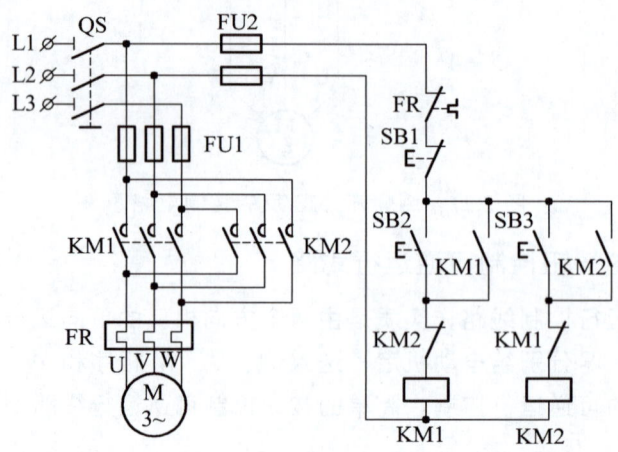

图 2.23　接触器互锁控制的可逆运行线路原理图

同样，接触器互锁控制的可逆运行线路在改变电动机方向时，也必须先按下停止按钮才能进行。

（四）带有按钮互锁控制的可逆运行线路

如果将正转按钮 SB2 和反转按钮 SB3 换成两个复合按钮，并将复合按钮的常闭触头代替接触器的互锁触头，就能克服接触器互锁控制线路操作不便的缺点，如图 2.24 所示。

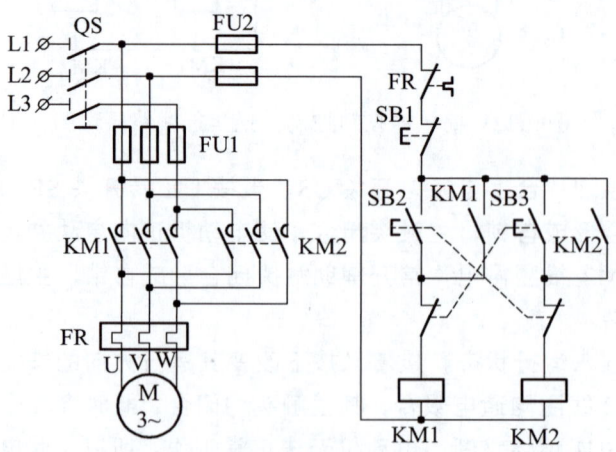

图 2.24　带有按钮互锁控制的可逆运行线路原理图

接触器互锁控制还称为电气互锁，要改变电动机方向时，必须先按下停止按钮，然后才能按下改变方向的控制按钮，因此这种电路称为"正-停-反"电路。而图2.24是将正反转启动按钮的常闭触头串接在对方接触器线圈电路中，这种互锁称为按钮互锁，它是依靠机械操作进行的，因此称其为机械互锁。

这种控制线路的工作原理与接触器互锁的可逆运行控制线路基本相同，只是改变电动机运行方向时，可直接按下改变方向的启动按钮即可实现，而不必先按下停止按钮。

（五）按钮、接触器双重互锁的可逆运行线路

带有按钮互锁控制的可逆运行线路具有操作方便的优点，但是容易产生电源两相短路故障。例如，当正转接触器主触头熔焊在一起，或被异物卡住时，即使正转接触器线圈断电，但其主触头仍不能释放，此时若按下反转启动按钮，反转接触器同样得电闭合，这会发生两相电源短路故障。

为避免这种故障的产生，需对电路进行进一步改进，在按钮互锁的基础上增加接触器互锁，按钮、接触器双重互锁的可逆运行线路，如图2.25所示。这种电路具有两种互锁控制线路的优点，操作方便，工作安全可靠。

这种电路具有双重互锁控制功能，可以不必先按停止按钮，而直接按下改变电动机启动方向的按钮即可。这是由于按钮互锁触头实现先断开正在运行的电路，再接通反向运转电路，因此，这种电路又称为"正-反-停"电路。

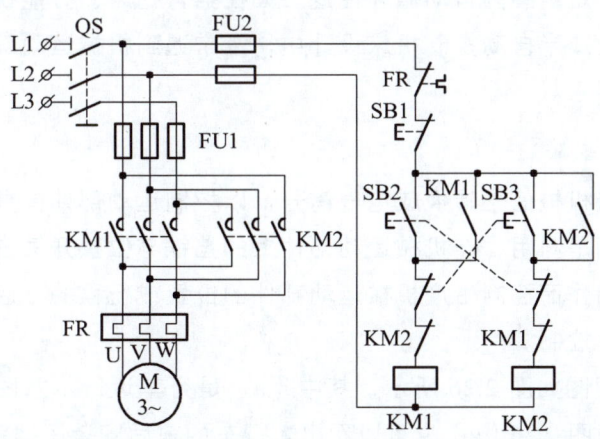

图2.25 按钮、接触器双重互锁的可逆运行线路原理图

三、任务实施

1．所需元件和工具

铁质网孔控制板（1块）、交流接触器（2个）、熔断器（5个）、热继电器（1个）、电源隔离开关（1个）、按钮（3个）、接线端子排、塑料线槽、导线、号码管、三相电动机（1台）、万用表（1块）、电工常用工具（1套）等。

2．电气安装接线图

根据三相异步电动机可逆运转控制电路原理图（图2.25）画出电路安装接线图，此图由学生自行绘制。

3．电路安装

（1）安装电器与线槽。

查看各元器件质量情况，详细观察各电气元件外部结构，了解其使用方法，并进行安装。

（2）电路接线。

按电气安装接线图正确连接电路，按照从上到下，从左到右，先连接主电路、再连接控制电路的顺序进行接线。

4．电路检查

对照电路图检查电路是否有掉线、错线，接线是否牢固。学生自行检查和互检，确认电路正确，无安全隐患，经老师检查后方可通电实验。

5．通电实验

完成上述各项检查后，清理好工具和安装板，在指导教师的监护下试车。

四、拓展知识：三相异步电动机的位置与自动循环控制

在生产过程中，有时需控制一些生产机械运动部件的行程和位置，或允许某些运动部件只能在一定范围内自动循环往返。如在摇臂钻床、万能铣床、镗床、桥式起重机及各种自动或半自动控制机床设计中，经常遇到机械运动部件需进行位置与自动循环控制的要求。

1．位置控制线路

位置开关是将机械信号转换成电气信号，以控制运动部件位置或行程的一种自动电器。位置控制是利用生产机械运动部件上的挡铁与位置开关进行碰撞，使位置开关的相关触头动作而控制生产机械运动部件的位置或行程的，因此位置控制又称为行程控制或限位控制。

位置控制原理图如图2.26所示，其中（a）是行车运行示意图，（b）是位置控制线路原理图。从图2.26（a）中可以看出，行车的前后安装了挡铁1和挡铁2，工作台的两端点分别安装了行程开关SQ1和SQ2。通常将行程开关的常闭触头分别串接在正转控制和反转控制电路中，当行车在运行过程中碰撞行程开关时，控制行车停止运行，达到位置控制的目的。

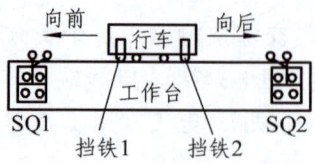

（a）

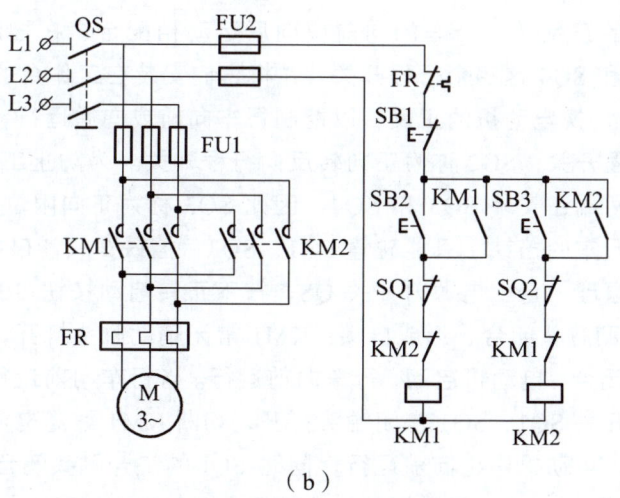

(b)

图 2.26 位置控制线路原理图

电路的工作原理：合上电源刀开关 QS，按下正转启动按钮 SB2，KM1 线圈得电，KM1 常开辅助触头闭合，形成自锁；KM1 常闭辅助触头打开，对 KM2 进行联锁；KM1 主触头闭合，电动机启动，行车向前运行。当行车向前运行到限定位置时，挡铁 1 碰撞行程开关 SQ1，SQ1 常闭触头打开切断 KM1 线圈电源。KM1 线圈失电，触头释放，电动机停止向前运行。此时再按下正转启动按钮 SB2，由于 SQ1 触头断开，KM1 线圈仍然不会得电，从而保证了行车不会超过 SQ1 所在的位置。

按下反转启动按钮 SB3 时，行车向后运行，SQ1 常闭触头复位闭合。行车向后运行过程中，各器件的工作状况与正转类似。当挡铁 2 碰撞行程开关 SQ2 时，行车停止向后运行。在行车向前或向后运行过程中，只要按下停止按钮 SB1，行车将会停止。

2．自动循环控制线路

在某些生产过程中，要求生产机械在一定行程内能够自动往返运行，以便对工件连续加工，提高生产效率。行车的自动往返通常是利用行程开关来控制自动往复运动的相对位置，再控制电动机的正反转，其控制线路如图 2.27 所示。

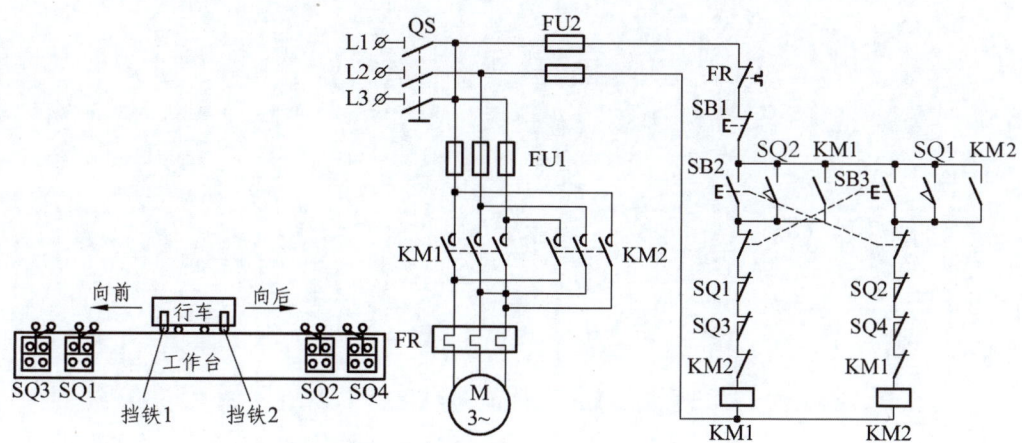

图 2.27 自动循环控制线路原理图

为使电动机的正反转与行车的向前或向后运动相配合，在控制线路中设置了 SQ1、SQ2、SQ3 和 SQ4 这四个行程开关，并将它们安装在工作台的相应位置。SQ1 和 SQ2 用来自动切换电动机的正反转以控制行车向前或向后运行，因此将 SQ1 称为反向转正向行程开关；SQ2 称为正向转反向行程开关。为防止工作台越过限定位置，在工作台的两端还安装 SQ3 和 SQ4，因此 SQ3 称为正向限位开关；SQ4 称为反向限位开关。行车的挡铁 1 只能碰撞 SQ1、SQ3；挡铁 2 只能碰撞 SQ2、SQ4。

电路的工作原理：合上电源刀开关 QS，按下正转启动按钮 SB2，KM1 线圈得电，KM1 常开辅助触头闭合，形成自锁；KM1 常闭辅助触头打开，对 KM2 进行连锁；KM1 主触头闭合，电动机启动，行车向前运行。当行车向前运行到限定位置时，挡铁 1 碰撞行程开关 SQ1，SQ1 常闭触头打开，切断 KM1 线圈电源，使 KM1 线圈失电，触头释放，电动机停止向前运行，同时 SQ1 的常开触头闭合，使 KM2 线圈得电。KM2 线圈得电，KM2 常闭辅助触头打开，对 KM1 进行连锁；KM2 主触头闭合，电动机启动，行车向后运行。当行车向后运行到限定位置时，挡铁 2 碰撞行程开关 SQ2，SQ2 常闭触头打开，切断 KM2 线圈电源，使 KM2 线圈失电，触头释放，电动机停止向前运行，同时 SQ2 的常开触头闭合，使 KM1 线圈得电，电动机再次得电，行车又改为向前运行，实现了自动循环往返转控制。电动机运行过程中，按下停止按钮 SB1 时，行车将停止运行。若 SQ1（或 SQ2）失灵时，行车向前（或向后）碰撞 SQ3（或 SQ4）时，强行停止行车运行。启动行车时，如果行车已在工作台的最前端，应按下 SB3 进行启动。

习题与思考题

1. 什么是欠压与失压保护？用接触器与按钮控制的电路是如何实现欠压与失压保护的？
2. 什么是自锁？什么是互锁？在正、反转控制电路中，为什么要采用双重互锁？
3. 实现电动机正反转互锁控制的方法有哪两种？

任务五　三相异步电动机的制动控制

学习目标

（1）了解三相异步电动机制动的目的、方法及原理。
（2）了解电磁抱闸制动控制电路的组成，并能讲述线路的工作原理。
（3）掌握反接制动控制电路的组成，并能讲述线路的工作原理。
（4）掌握能耗制动控制电路的组成，并能讲述线路的工作原理。

一、任务导入

三相异步电动机从切断电源到安全停止旋转，由于机械惯性总要经过一段时间，这样使得非生产时间拖长，不能满足生产机械要求迅速停车的要求，也影响劳动生产率。在实际生产中，为了保证工作设备的可靠性和人身安全，实现快速、准确停车，缩短辅助时间，提高生产机械效率，通常对要求停转的电动机采取相应措施，强迫其迅速停车，即对其实行制动控制。

对三相异步电动机进行制动时可采用两种方法：机械制动和电气制动。所谓机械制动是用机械装置来强迫电动机迅速停转，如电磁抱闸制动、电磁离合器制动等。电气制动是使电动机的电磁转矩方向与电动机旋转方向相反以达到制动目的，如反接制动、能耗制动、回馈制动等。这些制动方法各有特点，适用于不同的场合，下面介绍几种典型的制动控制。

二、相关知识

（一）电磁抱闸制动

电磁抱闸制动是利用电磁制动闸紧紧抱住与电动机同轴的制动轮，使电动机迅速停止运动的一种机械制动方式。它分为断电电磁抱闸制动和通电电磁抱闸制动两种。

断电电磁抱闸制动的控制线路如图 2.28 所示。制动闸轮通过联轴器直接或间接与电动机主轴相连，电动机转动时，制动闸轮也跟着同轴转动。当制动电磁铁的线圈得电时，电磁克服弹簧的作用，迫使制动杠杆向上移动，从而使制动器的闸瓦与闸轮分开，无制动作用，电动机可以运转；当制动电磁铁的线圈失电时，在弹簧力的作用下，闸瓦紧紧抱住闸轮，使电动机能够迅速停止运行。

断电电磁抱闸制动控制线路的工作原理：合上刀开关 QS，按下启动按钮 SB2，KM 线圈得电，KM 常开辅助触头闭合形成自锁，主触头闭合使电动机接通电源，同时电磁抱闸制动器的 YB 线圈得电，衔铁与铁芯吸合，衔铁克服弹簧的作用，迫使制动杠杆向上移动，从而使制动器的闸瓦与闸轮分开，电动机正常启动运行。

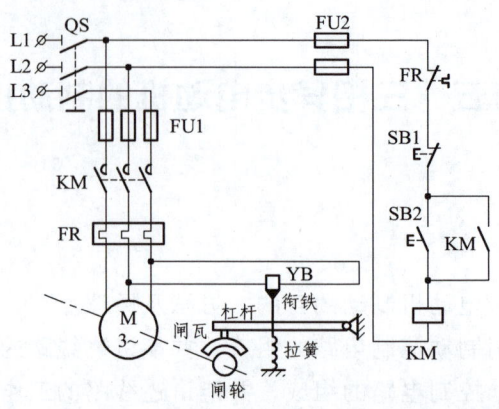

图 2.28 断电电磁抱闸制动的控制线路原理图

当按下停止按钮 SB1 时，KM 线圈失电，常开辅助触头解除自锁，主触头切断电动机电源，同时电磁抱闸制动器的线圈 YB 也失电，衔铁与铁芯分开，在弹簧拉力的作用下，闸瓦紧紧抱住闸轮，使电动机迅速制动而停转。

（二）电动机单向反接制动控制

反接制动是利用改变电动机定子绕组的电源相序，使定子绕组产生相反方向的旋转磁场，迫使电动机迅速停转的一种电气制动方法。电动机单向反接制动的关键是当电动机转速接近于零时，能自动地立即将电源切断，以免电动机反向启动，所以常采用速度继电器来检测电动机的速度变化。当制动接近于零转速（100 r/min）时，由速度继电器自动切断电源。

电动机单向反接制动的优点是制动效果好、冲击大，但是能量损耗大。因为电源反接制动时，转子与定子旋转磁场的相对转速接近电动机同步转速的两倍，所以定子绕组中的反接制动电流相当于全电压直接启动时电流的 2 倍。为避免对电动机及机械传动系统的过大冲击，延长其使用寿命，通常在 10 kW 以上电动机的定子电路中串接对称电阻或不对称电阻，以减小冲击电流。减小制动电流的电阻称为反接制动电阻。电动机单向反接制动的控制线路如图 2.29 所示。

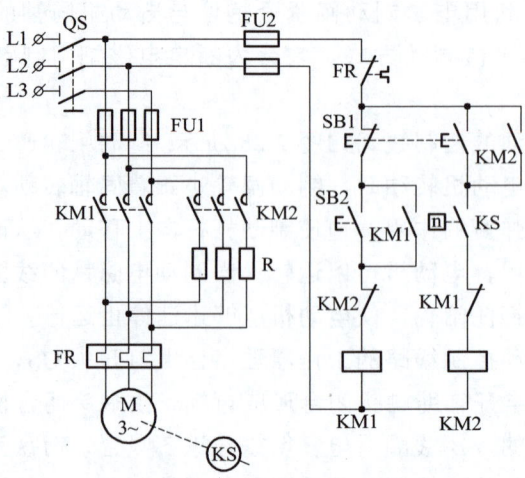

图 2.29 电动机单向反接制动的控制线路

图中电动机定子绕组上串联了对称的制动电阻 R，KM2 用来改变电动机定子绕组的电源相序，速度继电器 KS 的轴与电动机轴相连。

电路的工作原理：合上电源刀开关 QS，按下正转启动按钮 SB2，KM1 线圈得电并自锁，主触头闭合，电动机在全电压下启动，当电动机转速上升到一定值时（140 r/min），速度继电器 KS 的常开触头闭合为制动做好准备。按下停止按钮 SB1，KM1 线圈失电，触头释放，自锁解除，但电动机仍以惯性高速旋转。当 SB1 按到底时，其常开触头闭合，使 KM2 线圈得电，改变了电动机定子绕组的电源相序，电动机 M 串接 R 反接制动，电动机转速迅速下降。当转速下降到一定值时（100 r/min），KS 释放，KS 常开触头复位，切断 KM2 线圈电源。KM2 失电，释放触头断开了电动机的反相序电源，反接制动结束，电动机自然停车至零。

（三）电动机双向可逆运行反接制动控制

由图 2.29 中我们看出，该控制线路只能对电动机单向进行反接制动。在电气控制系统中，通常还要求电动机在正反转时都能进行反接制动。电动机双向可逆运行反接制动控制电路如图 2.30 所示。

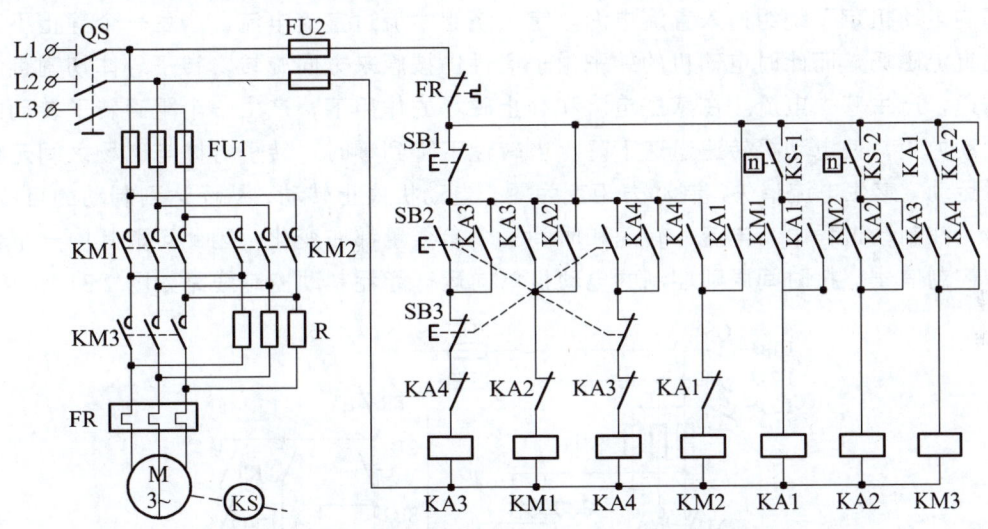

图 2.30 电动机双向可逆运行反接制动控制原理图

从图中可以看出，该控制线路所用器件较多，其中 KM1 既是正转运行时的接触器，又是反转运行时的反接制动接触器；KM2 既是反转运行时的接触器，又是正转时的反接制动接触器；KM3 为短接制动电阻 R 接触器；中间继电器 KA1、KA2 和接触器 KM1、KM3 配合完成电动机的正向启动、反接制动；中间继电器 KA3、KA4 和接触器 KM2、KM4 配合完成电动机的反向启动、反接制动；速度继电器 KS 有两对触头 KS-1 和 KS-2，分别控制电动机正转和反转时反接制动的时间；R 在电动机启动时作定子串电阻减压启动用，停车时作为反接制动电阻。

电路的工作原理：合上电源刀开关 QS，按下正转启动按钮 SB2，正转中间继电器 KA3 线圈得电形成自锁，其常闭触头互锁了中间继电器 KA4 线圈电路。KA3 常开触头闭合，使 KM1 线圈得电。KM1 线圈得电，其常开辅助触头闭合，为制动做好准备,主触头闭合,使电动机定子绕组经电阻 R 获得电源,电动机开始降压启动。当电动机转速达到一定值时,速度继电器 KS-1 常开触头闭合,使中间继电器 KA1 线圈得电并自锁。由于 KA1、KA3 常开触头闭合,使 KM3 线圈得电。KM3 线圈得电,其主触头闭合短接电阻 R,使电动机在全压下运行。此时按下停止按钮 SB1 时,KA3 线圈失电,其常开触头被释放,使得 KM1、KM3 线圈相继失电释放它们各自的触头。但此时由于机械惯性,电动机高速旋转,使 KS-1 继续维持闭合状态,KA1 线圈仍然得电。KA1 常开触头的闭合、KM1 常闭触头的恢复,使 KM2 线圈得电。KM2 线圈得电,其主触头闭合,使电动机定子上的电源相序已经改变了,且电流也减小了,对电动机进行反接制动,电动机转速迅速下降。当电动机转速下降到一定值时,速度继电器的常开触头 KS-1 复位,使 KA1 线圈断电,接触器 KM2 线圈断电释放,反接制动完成。电动机的反向启动和反接制动与正转时类似,请读者自行分析。

(四)电动机单向运行能耗制动控制

能耗制动是一种应用广泛的电气制动方法。它是在电动机切断交流电源后,立即向电动机定子绕组通入直流电源。定子绕组中流过直流电流,产生一个静止不动的直流磁场,而此时电动机的转子由于惯性仍按原来方向旋转,转子导体切割直流磁通,产生感生电流。在感生电流和静止磁场的作用下,产生一个阻碍转子转动的制动力矩,使电动机转速迅速下降。当转速下降到零时,转子导体与磁场之间无相对运动,感生电流消失,制动力矩变为零,电动机停止转动,从而达到制动的目的。

在制动过程中,电流、转速和时间三个参数量都在变化,因此可取其中一个作为控制信号。按时间原则控制的电动机单向运行能耗制动控制线路如图 2.31 所示。

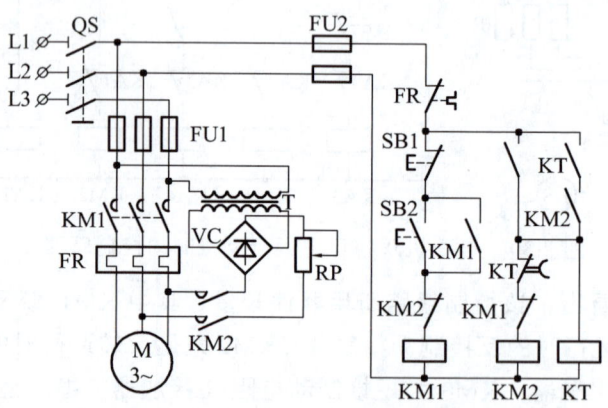

图 2.31 电动机单向运行能耗制动控制原理图

电路的工作原理:合上电源刀开关 QS,按下启动按钮 SB2,KM1 线圈得电,常开辅助触头自锁,常闭辅助触头互锁,主触头闭合,电动机全电压启动运行。需要电动机停止时,按下停止按钮 SB1,KM1 线圈失电,释放触头,电动机定子绕组失去交流电源。由于惯性转子仍高速旋转,同时 KM2、KT 线圈得电形成自锁,KM2 主触头闭合,使电动机定子绕组接入直流电源进行能耗制动,电动机转速迅速下降。当转速接近零时,时间继电器 KT 的延时时间到,KT 常闭触头延时打开,切断 KM2

线圈的电源，KM2、KT 的相应触头释放，从而断开了电动机定子绕组的直流电源，使电动机停止转动，达到了能耗制动的目的。

习题与思考题

1. 三相异步电动机的制动方式有哪些？
2. 什么叫反接制动？什么叫能耗制动？各有什么特点？
3. 某一升降装置，由一台笼型电动机拖动，直接启动，采用电磁抱闸制动。控制要求为：按下启动按钮后，先松闸，经 4 s 后，电动机开始正向启动，工作台升起；上升 6 s 后，电动机停止并自动反向，工作台下降；经 6 s 后，电动机停止，电磁抱闸抱紧。试设计其主电路与控制电路。

任务六　三相异步电动机的调速控制

学习目标

（1）了解三相异步电动机调速的方法、特点及使用条件。

（2）了解三相笼型异步电动机变极调速控制电路的组成，并能讲述线路的工作原理。

（3）掌握三相绕线式异步电动机转子串电阻调速控制电路的组成，并能讲述线路的工作原理。

一、任务导入

在电力拖动控制系统中，根据控制设备的工艺要求，经常需要调整电动机的转速。由三相异步电动机的转速公式 $n=60f(1-s)/p$ 可知，改变电动机的磁极对数 p、转差率 s 及电源频率 f 都可以实现调速。对笼型异步电动机可采用改变磁极对数、改变定子电压和改变电源频率的方法；而对绕线式异步电动机除可采用变频外，常用的方法是转子串电阻调速或串级调速。

由三相异步电动机的转速公式 $n=60f(1-s)/p$ 可知，通过改变电源频率 f、改变转差率 s、改变磁极对数 p 这 3 种方法可改变三相异步电动机的转速。改变异步电动机磁极对数来调整电动机转速称为变极调速，它是通过改变定子绕组连接方式来实现的，一般适用于鼠笼式异步电动机。改变转差率调速是通过调节定子电压、改变转子电路中的电阻以及采用串级调速来实现的。

变极调速是通过接触器触头改变电动机绕组的外部接线方式，改变电动机的磁极对数，从而达到调速目的的。改变鼠笼式异步电动机定子绕组的极数以后，转子绕组的极数随之变化，而改变绕线式异步电动机定子绕组的极数以后，它的转子绕组必须进行相应的新组合，无法满足极数能够随之变化的要求，因此变极调速只适用于鼠笼式异步电动机。凡磁极对数可以改变的电动机称为多速电动机，常见的多速电动机有双速、三速、四速之分。双速电动机定子装有一套绕组，而三速、四速电动机则为两套绕组。

二、相关知识

（一）双速异步电动机控制线路

双速异步电动机三相绕组的接线方式如图 2.32 所示。(a) 图为电动机定子绕组的△/YY 接线方式，它属于恒功率调速。当定子绕组 1、2、3 的接线端接电源，

4、5、6 接线端悬空时，三相定子绕组接成了三角形，每相绕组具有 4 个极，同步转速为 1 500 r/min（低速）。为提高电动机的转速，将定子绕组的 1、2、3 端相连，4、5、6 端接电源，将原来的三角形转换成双星形接线，每相绕组具有 2 个极，同步转速为 3 000 r/min（高速）。(b) 图为电动机定子绕组的 Y/YY 接线方式，它属于恒转矩调速。同理分析，定子绕组的磁场极数从 4 极变为 2 极，分别对应电动机的低速和高速。

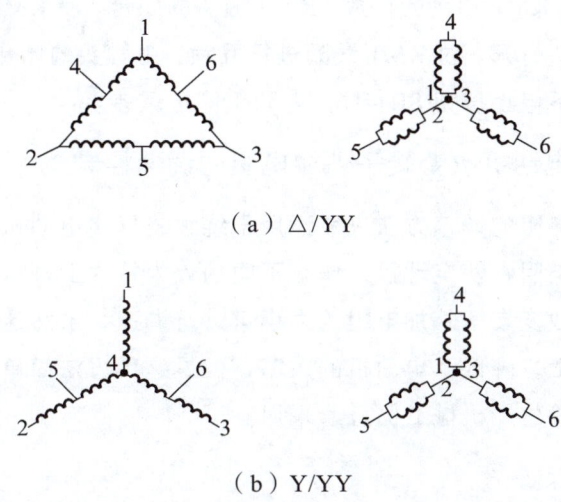

图 2.32　双速异步电动机三相绕组的接线方式

　　双速异步电动机的调速控制电路如图 2.33 所示。KM1 为电动机的三角形联结接触器，KM2、KM3 为电动机双星形联结接触器，KT 为电动机低速转换为高速的时间继电器。SB2、KM1 控制电动机低速运转，SB3、KM2、KM3 控制电动机高速运转。

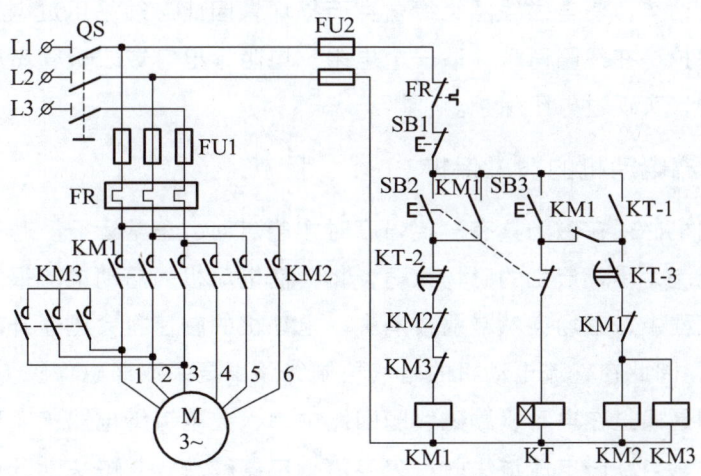

图 2.33　双速异步电动机的调速控制电路原理图

电路的工作原理：按下△形低速启动按钮 SB2，其常闭辅助触头先断开，常开辅助触头后闭合，使 KM1 线圈得电。KM1 线圈得电，常开辅助触头闭合，形成自锁；常闭辅助触头打开，对 KM2、KM3 线圈进行互锁；主触头闭合，使电动机定子绕组接成△形低速启动运转。当按下 YY 形高速启动按钮 SB3 时，KT 线圈得电，KT-1 常开触头瞬时闭合自锁。KT 延时一段时间后，KT-2 触头先断开，KT-3 触头后闭合。KT-2 触头断开，使 KM1 线圈失电，KM1 常开辅助触头断开，KM1 常闭辅助触头恢复闭合。KM1 触头的释放、KT-3 触头的闭合，使 KM2、KM3 线圈得电，它们的常闭辅助触头打开，对 KM1 线圈进行互锁；主触头的闭合使电动机接成 YY 形高速运转。当按下停止按钮 SB1 时，电动机停止运转。

（二）绕线式电动机改变转子外加电阻的调速控制

改变转子外加电阻的调速方法只能适用于绕线式异步电动机，它通常是在转子绕组上串入不同的电阻，使电动机工作在不同的人为特性上，从而获得不同的转速以达到调速目的。改变转子外加电阻的大小可进行调速，虽然这种调速方法将一部分电能消耗在电阻上，降低了电动机的效率，但是这种方法简单、易操作，所以目前在吊车、起重机等生产机械上仍普遍采用。

（三）欠电压保护

实现欠电压保护的电器是接触器和电磁式电压继电器。在机床电气控制线路中，只有少数线路专门装置了电磁式电压继电器起欠压保护作用。而大多数控制线路，由于接触器已兼有欠电压保护功能，因此不必再加设欠电压保护电器。

（四）过电压保护

电磁铁、电磁吸盘等大电感负载及直流电磁机构、直流继电器等，在能断时会产生较高的电动势，使电磁线圈绝缘击穿而损坏，因此必须采用过电压保护措施。通常过电压保护是在线圈两端并联一个电阻、电阻串电容或二极管串电阻，以形成一个放电回路，实现过电压保护。

（五）直流电动机的弱磁保护

直流电动机必须在磁场具有一定强度时才能启动、正常运行。若在启动时，电动机的励磁电流太小，产生的磁场太弱，将会使电动机的启动电流很大；若电动机在正常运转过程中，磁场突然减弱或消失，电动机的转速将会迅速升高，甚至发生"飞车"现象，因此在直流电动机的电气控制线路中要采取弱磁保护。

弱磁保护是通过在电动机励磁线圈回路中串入欠电流继电器来实现的。在电动机运行过程中，当励磁电流过小时，欠电流继电器释放，其触头断开电动机电枢回路的接触器线圈电路。接触器线圈断电释放，接触器主触头断开电动机电枢回路，切断电动机电源，从而达到保护电动机的目的。

思考题与习题

1. 试为某设备的两台电动机设计一个电气控制电路,其中一台为双速电动机。

2. 两台三相笼型异步电动机 M1、M2,要求既可实现 M1、M2 分别启动和停止,又可实现同时停止。试设计其主电路与控制电路。

控制要求如下:

(1)两台电动机都能独立操作,可分别控制其启动与停止,互不影响;

(2)能同时控制两台电动机的启动与停止;

(3)双速电动机的控制是先低速启动,后自动转为高速运转。

项目三　可编程序控制器的概述

任务一　可编程序控制器的简介

学习目标

（1）了解 PLC 的产生和定义、分类、现状和应用发展。
（2）掌握 PLC 的功能及性能指标。

一、任务导入

在工业控制中，使用单片机系统、工业计算机和可编程控制器 3 种控制系统。单片机系统具有成本低廉和控制灵活等优点，但是其开发难度大，开发成本高；工业计算机通常与其他计算机（单片机或者 PLC 等）进行通信控制，开发方便；可编程控制系统（Programmable Logic Controller，PLC）根据用户需要来选择相应的模块，并且用户程序在系统程序上运行和编制，使其开发简单，抗干扰能力强，语言简单，许多电力工程师能够快速地适应设计工作，近年来发展迅速。

可编程逻辑控制器是集自动控制技术、计算机技术和通信技术于一体的一种新型工业控制装置，其应用面广、功能强大、使用方便，已经成为当代工业自动化 3 大支柱（PLC、Robot、CAD/CAM）之一，在工业生产的许多领域得到广泛使用。

二、相关知识

（一）可编程序控制器的定义

PLC 是一种专门为在工业环境下应用而设计的数字运算操作的电子装置（见图 3.1）。它采用可以编制程序的存储器，用来在其内部存储执行逻辑运算、顺序运算、计时、计数和算术运算等操作的指令，并能通过数字式或模拟式的输入和输出，控制各种类型的机械或生产过程。

图 3.1　西门子 PLC

（二）可编程序控制器的应用

1．开关量的逻辑控制

这是 PLC 最基本、最广泛的应用领域，它取代传统的继电器电路，实现逻辑控制、顺序控制，既可用于单台设备的控制，也可用于多机群控及自动化流水线，如注塑机、印刷机、订书机械、组合机床、磨床、包装生产线、电镀流水线等。

2．模拟量控制

在工业生产过程中，有许多连续变化的量，如温度、压力、流量、液位和速度等都是模拟量。为使可编程控制器处理模拟量，必须实现模拟量（Analog）与数字量（Digital）之间的 A/D 转换及 D/A 转换。PLC 厂家都生产力配套的 A/D 和 D/A 转换模块，使可编程控制器用于模拟量控制。

3．运动控制

PLC 可以用于圆周运动或直线运动的控制。从控制机构配置来说，早期直接用开关量 I/O 模块连接位置传感器和执行机构，现在一般使用专用的运动控制模块，如可驱动步进电机或伺服电机的单轴或多轴位置控制模块。世界上各主要 PLC 厂家的产品几乎都有运动控制功能，广泛用于各种机械、机床、机器人、电梯等场合。

4．过程控制

过程控制是指对温度、压力、流量等模拟量的闭环控制。作为工业控制计算机，PLC 能编制各种各样的控制算法程序，完成闭环控制。PID 调节是一般闭环控制系统中用得较多的调节方法。大中型 PLC 都有 PID 模块，目前许多小型 PLC 也具有此功能模块。PID 处理一般是运行专用的 PID 子程序。过程控制在冶金、化工、热处理、锅炉控制等场合有非常广泛的应用。

5．数据处理

现代 PLC 具有数学运算（含矩阵运算、函数运算、逻辑运算）、数据传送、数据转换、排序、查表、位操作等功能，可以完成数据的采集、分析及处理。这些数据可以与存储在存储器中的参考值比较，完成一定的控制操作，也可以利用通信功能传送到别的智能装置，或将它们打印制表。数据处理一般用于大型控制系统，如无人控制的柔性制造系统，也可用于过程控制系统，如造纸、冶金、食品工业中的一些大型控制系统。

6．通信及联网

PLC 通信含 PLC 间的通信及 PLC 与其他智能设备间的通信。随着计算机控制的发展，工厂自动化网络发展得很快，各 PLC 厂商都十分重视 PLC 的通信功能，纷纷推出各自的网络系统。新近生产的 PLC 都具有通信接口，通信非常方便。

（三）可编程序控制器的特征

1．可靠性高、抗干扰能力强

PLC 用软件代替大量的中间继电器和时间继电器，仅剩下与输入、输出有关的少量硬件，接线可减少到继电器控制系统的 1/10～1/100，因触点接触不良造成的故障也大为减少。

高可靠性是电气控制设备的关键性能。PLC 由于采用现代大规模集成电路技术，采用严格的生产工艺制造，内部电路采取了先进的抗干扰技术，因此具有很高的可靠性。例如，西门子公司生产的 S7 系列 PLC 平均无故障时间高达 30 万小时。一些使用冗余 CPU 的 PLC 的平均无故障工作时间则更长。从 PLC 的机外电路来说，使用 PLC 构成控制系统，与同等规模的继电接触器系统相比，电气接线及开关接点已减少到数百甚至数千分之一，故障也就大大降低。此外，PLC 带有硬件故障自我检测功能，出现故障时可及时发出警报信息。在应用软件中，应用者还可以编入外围器件的故障自诊断程序，使系统中除 PLC 以外的电路及设备也获得故障自诊断保护，如此一来，整个系统具有极高的可靠性也就不奇怪了。

2．硬件配套齐全、功能完善、适用性强

PLC 发展到今天，已经形成了大、中、小各种规模的系列化产品，并且已经标准化、系列化、模块化，配备有品种齐全的各种硬件装置供用户选用，用户能灵活方便地进行系统配置，组成不同功能、不同规模的系统。PLC 的安装接线也很方便，一般用接线端子连接外部接线。PLC 有较强的带负载能力，可直接驱动一般的电磁阀和交流接触器，可以用于各种规模的工业控制场合。除了逻辑处理功能以外，现代 PLC 大多具有完善的数据运算能力，可用于各种数字控制领域。近年来 PLC 的功能单元大量涌现，使 PLC 渗透到了位置控制、温度控制、CNC 等各种工业控制中。加上 PLC 通信能力的增强及人机界面技术的发展，使用 PLC 组成各种控制系统变得非常容易。

3．易学易用，深受工程技术人员欢迎

PLC 作为通用工业控制计算机，是面向工矿企业的工控设备。其接口容易，编程语言易于为工程技术人员接受。梯形图语言的图形符号与表达方式和继电器电路图相当接近，只用 PLC 的少量开关量逻辑控制指令就可以方便地实现继电器电路的功能，为不熟悉电子电路、不懂计算机原理和汇编语言的人使用计算机从事工业控制打开了方便之门。

4. 容易改造

系统设计、安装、调试工作量小，维护方便，容易改造。

PLC 的梯形图程序一般采用顺序控制设计法。这种编程方法很有规律，很容易掌握。对于复杂的控制系统，梯形图的设计时间比设计继电器系统电路图的时间要少得多。

PLC 用存储逻辑代替接线逻辑，大大减少了控制设备外部的接线，使控制系统设计及建造的周期大为缩短，同时维护也变得容易起来。更重要的是它使同一设备经过改变程序来改变生产过程成为可能，这很适合多品种、小批量的生产场合。

5. 体积小、重量轻、能耗低

以超小型 PLC 为例，新近出产的品种底部尺寸小于 100 mm，仅相当于几个继电器的大小，因此可将开关柜的体积缩小到原来的 1/2～1/10。它的质量小于 150 g，功耗仅数 W，其体积小，很容易装入机械内部，因此它是实现机电一体化的理想控制设备。

（四）可编程序控制器的分类

1. 按结构形式分类

根据可编程序控制器 PLC 的结构形式，可将 PLC 分为整体式和模块式两类。

（1）整体式 PLC。

整体式 PLC（见图 3.2）是将电源、CPU、I/O 接口等部件都集中装在一个机箱内，具有结构紧凑、体积小、价格低的特点。小型 PLC 一般采用这种整体式结构。整体式 PLC 由不同 I/O 点数的基本单元（又称主机）和扩展单元组成。基本单元内有 CPU、I/O 接口、与 I/O 扩展单元相连的扩展口以及与编程器或 EPROM 写入器相连的接口等。扩展单元内只有 I/O 和电源等，没有 CPU。基本单元和扩展单元之间一般用扁平电缆连接。整体式 PLC 一般还可配备特殊功能单元，如模拟量单元、位置控制单元等，使其功能得以扩展。

（2）模块式 PLC。

模块式 PLC（见图 3.3）是将 PLC 各组成部分，分别做成若干个单独的模块，如 CPU 模块、I/O 模块、电源模块（有的含在 CPU 模块中）以及各种功能模块。模块式 PLC 由框架或基板和各种模块组成。模块装在框架或基板的插座上。这种模块式 PLC 的特点是配置灵活，可根据需要选配不同规模的系统，而且装配方便，便于扩展和维修。大、中型 PLC 一般采用模块式结构。

图 3.2　整体式 PLC

图 3.3　模块式 PLC

还有一些PLC将整体式和模块式的特点结合起来，构成所谓的叠装式PLC。叠装式PLC的CPU、电源、I/O接口等也是各自独立的模块，但它们之间是靠电缆进行连接的，并且各模块可以一层层地叠装。这样，不但系统可以灵活配置，还可做得体积小巧。

2．按功能分类

根据PLC所具有的功能不同，可将PLC分为低档、中档、高档三类。

（1）低档PLC。

低档PLC具有逻辑运算、定时、计数、移位以及自诊断、监控等基本功能，还可有少量模拟量输入/输出、算术运算、数据传送和比较、通信等功能。它主要用于逻辑控制、顺序控制或少量模拟量控制的单机控制系统。

（2）中档PLC。

中档PLC除具有低档PLC的功能外，还具有较强的模拟量输入/输出、算术运算、数据传送和比较、数制转换、远程I/O、子程序、通信联网等功能。有些还可增设中断控制、PID控制等功能，适用于复杂控制系统。

（3）高档PLC。

高档PLC除具有中档PLC的功能外，还增加了带符号算术运算、矩阵运算、位逻辑运算、平方根运算及其他特殊功能函数的运算、制表及表格传送功能等。高档PLC具有更强的通信联网功能，可用于大规模过程控制或构成分布式网络控制系统，实现工厂自动化。

3．按I/O点数分类

根据PLC的I/O点数的多少，可将PLC分为小型、中型和大型三类。

（1）小型PLC。

小型PLC的I/O点数小于256，单CPU，8位或16位处理器，用户存储器容量在4K以下。如FX、F1、F2（日本三菱电气公司），S7-200（德国西门子公司）。

（2）中型PLC。

中型PLC的I/O点数为256～2048，双CPU，用户存储器容量为2K～8K。如S7-300（德国西门子公司）、C-500（日本立石公司）。

（3）大型PLC。

大型PLC的I/O点数大于2048，多CPU，16位、32位处理器，用户存储器容量为8K～16K。如S7-400（德国西门子公司）等。

（五）PLC的主要技术性能指标

各公司产品的技术性能指标不同，各有特色。一般可按CPU档次、I/O点数、存储容量、扫描速度、网络功能等方面来衡量PLC性能。PLC性能指标是控制系统设计选型的重要依据。

1．I/O点数

I/O点数是PLC最重要的一项技术指标，是指PLC能够处理的输入、输出端子的总数（通常开关量的输入、输出用点数表示，模拟量的输入、输出用通道数表示）。

它决定了 PLC 在实际应用中的规模大小。I/O 点数包括主机的 I/O 点数和最大可扩展的点数，I/O 点数越多，能够控制的器件和设备越多。

2．内存容量

PLC 的存储器包括系统软件存储器和用户应用存储器两部分，主要用来存储程序和系统参数。系统软件由生产厂家编制并已固化在内部的存储器中。PLC 的存储容量通常指用户应用存储器的容量，即所谓的"内存容量"。

在 PLC 中，程序指令是按"步"存放的，1"步"占用 1 个地址单元，1 个地址单元一般占 2 字节。如一个内存容量为 2 KB 的 PLC，可存放指令 1 000 步。用户程序容量与最大 I/O 点数大体成正比，其大小决定了用户所能编写程序的最大长度。因此，用户必须根据实际情况来选择足够的内存容量。绝大多数 PLC 都配置有较大容量的存储器，一般能够满足实际控制要求。

3．扫描速度

PLC 是以循环扫描方式运行的。它在一个扫描周期内，执行系统内部处理、输入采样、输出刷新所需时间是基本固定的，但它执行用户程序所需的时间随程序长短和指令复杂程度而变化。扫描速度一般以扫描 1 KB 的用户程序（典型指令）所需时间来衡量，其单位为 ms/KB；也有用 1 步指令的执行时间计，以 μs/步为单位；有时也用扫描时间表述，即 CPU 按逻辑顺序，从开始到结束扫描一次所需的时间。

4．指令种类和数量

这是衡量 PLC 软件功能强弱的重要指标。指令的种类和数量决定了用户编制程序的方式和 PLC 的处理能力、控制能力。指令的种类和数量越多，控制能力越强。

5．内部寄存器种类和数量

PLC 内部寄存器用以存放变量状态、中间结果、数据等，还有许多辅助寄存器可供用户使用。内部寄存器主要有定时器、计数器、中间继电器、数据寄存器和特殊寄存器等。PLC 寄存器种类和数量配置情况是衡量 PLC 硬件功能的一个指标。

6．扩展能力

PLC 扩展能力是指 I/O 点数和类型的扩展、特殊信号处理的扩展、存储容量和控制区域（联网）的扩展等。考虑到实际情况的变化，在选择 PLC 时要为系统的扩展留有适量的余地。

7．智能模块

PLC 除主控模块外，还可配接各种智能模块，完成多种特殊的控制，如模拟量控制、远程控制及通信等。其种类和数量越多，说明 PLC 功能越强大。

8．编程语言与编程工具

每种类型 PLC 都具有多种编程语言，具有互相转换的可移植性。但不同类型 PLC 的编程语言互不相同、互不兼容。一般由厂家提供专用编程工具，包括专用编程器和专用编程软件。编程器一般使用助记符语言，编程软件可在 PC 机上操作，普遍采用梯形图、功能图或高级计算机语言（如 C、BASIC 或 PASCAL 语言）进行编程。

（六）可编程序控制器 PLC 的发展方向

PLC 自诞生以来也是在不断发展改进创新的，其发展方向主要体现在以下几个方面。

（1）采用新的、先进的微处理器和电子技术达到快速的扫描时间。

（2）小型的、低成本的 PLC，可以替代 4 到 10 个继电器，获得更大的发展动力。

（3）高密度的 I/O 系统，以低成本提供了节省空间的接口。

（4）基于微处理器的智能 I/O 接口，扩展了分布式控制能力。典型的接口如 PID、网络、CAN 总线、现场总线、ASCII 通信、定位、主机通信模块和支持高级语言编程的模块（如 BASIC，PASCAL）。

（5）包括输入/输出模块和端子的结构设计改进，使端子更加集成。特殊接口允许某些器件可以直接接到控制器上，如热电偶、热电阻、应力测量、快速响应脉冲等。

（6）由于工控机、DCS 等控制系统的出现，将迫使 PLC 向着功能更多，开放性、兼容性更强的方向不断发展。

（7）更多的高级功能。更简单快捷地使用传统 PLC 简单的逻辑控制功能已渐渐不能满足目前工控领域的要求，许多新的控制系统不再是简单的逻辑控制而已，增加了许多新的功能要求，如大量数据处理、存储、图形处理等。

（8）增加工控机或组态软件的功能。如浮点运算、高级数学运算、图形曲线（时间曲线、X-Y 曲线）、历史数据本地记录（大容量移动存储卡，2G，HORNER 最早采用 MicroSD 存储）、视频输入输出、专家系统、操作界面、数据监测、文件记录和打印等。

（9）基于以太网和 Internet 的强大通信功能，甚至可以通过 GPRS、CDMA 等先进的通信方式来控制信息，具有良好的远程控制和开放性。

三、扩展知识：PLC 相关知识

1. PLC 的主要生产厂家

目前，世界上生产 PLC 的厂家已有 200 多个，有各种型号和系列。比较著名的有美国 A—B、通用电气（GE）、莫迪康（Modicon）公司；日本的三菱电机（Mit—sublshi）、欧姆龙（Omron）、富士电机（FUJI）、松下电工公司；德国的西门子（Siemens）公司；法国的 TE 与施耐德（Schneider）公司；韩国的三星（Sumsung）与 LG 等公司。其中德国和美国是以大型 PLC 而闻名，而日本主要生产小型 PLC。

1977 年我国才研制出第一台具有实用价值的 PLC，并开始批量生产和应用于工业过程控制。主要有北京和利时、科迪纳、无锡华光等公司，生产多种型号 PLC，如 SU、SG 等，发展也很快，并在价格上很有优势。

2. PLC 与其他工业控制系统的比较

（1）PLC 与继电器控制系统的比较。

继电器控制采用硬接线方式装配而成，只能完成既定的功能，而 PLC 控制只要改变程序并改动少量的接线端子，就可适应生产工艺的改变。从适应性、可靠性及设计、安装、维护等各方面进行比较，传统的继电器控制大多数将被 PLC 所取代。

（2）PLC 与工业计算机比较。

工业控制机控制要求开发人员具有较高的计算机专业知识和微机软件编程的能力。PLC 采用了面向控制过程、面向问题的"自然语言"进行编程，使不熟悉计算机的人也能很快掌握使用，便于推广应用。PLC 是专为工业现场应用而设计的，具有更高的可靠性。在模型复杂、计算量大且较难、实时性要求较高的环境中，工业控制机则更能发挥其专长。

习题与思考题

1. PLC 的定义是什么？
2. PLC 的结构和分类有哪些？
3. PLC 控制系统与传统的继电器控制系统有何区别？
4. 简述 PLC 的发展和应用。

任务二　PLC 通用结构及工作原理

学习目标

（1）了解 PLC 的结构和工作原理、软件。
（2）掌握 PLC 的几种编程语言和程序结构。

一、任务导入

虽然 PLC 的品种繁多，但其基本结构和工作原理基本相同。广义上和工业 PC 一样，PLC 也是一种计算机系统，只不过它更加适应工业环境，具有更强的抗干扰能力。

二、相关知识

（一）PLC 的结构

PLC 的结构如图 3.4 所示，主要包括中央处理单元（CPU）、存储器、I/O 接口电路、电源、I/O 扩展接口、外部设备接口等。其内部采用总线结构进行数据和指令的传输。外部的各种信号送入 PLC 的输入接口，在 PLC 内部进行逻辑运算或数据处理，最后以输出变量的形式经输出接口，驱动输出设备进行各种控制。

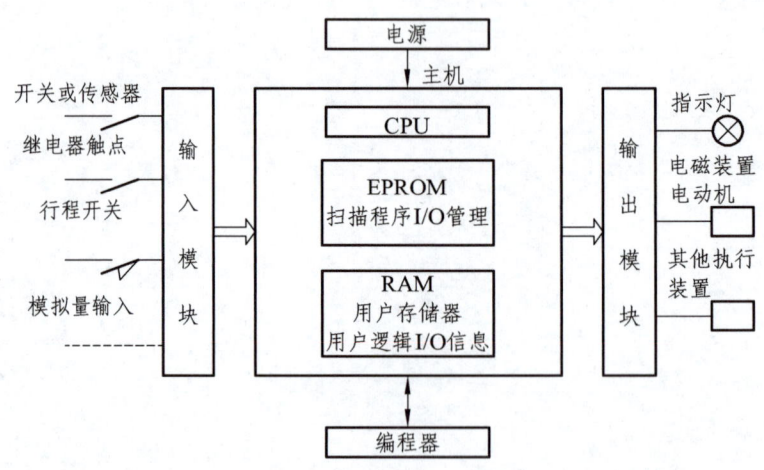

图 3.4　PLC 基本组成

1. 中央处理单元 CPU

中央处理单元 CPU（Centre Processing Unit），主要由控制电路、运算器和寄存器等部分组成，是 PLC 的运算和控制中心。

PLC 常用的 CPU 有通用微处理器、单片机和双极型位片式微处理器。通用微处理器常用的是 8 位或 16 位，如 Z80A、8085、8086、M68000 等；单片机是将 CPU、存储器和 I/O 接口集成在一起，因此性价比高，多为中小型 PLC 采用，常用的单片机有 8051、8098 等；位片式微处理器的特点是运算速度快，以 4 位为 1 片，可以多片级联，组成任意字长的微处理器，因此多为大型 PLC 采用，常用的位片式微处理器有 AM2900、AM2901、AM2903 等。目前，PLC 的位数多为 8 位或 16 位，高档机已采用 32 位，甚至更高位数。

2．存储器

存储器的功能是存放程序和数据。可分为系统程序存储器和用户程序存储器两大类：

（1）系统程序存储器。用来存放管理程序、监控程序以及内部数据，由 PLC 生产厂家设计提供，用户不能更改。

（2）用户程序存储器。主要存放用户已编制好或正在调试的应用程序。存放在 RAM 中的用户程序修改方便。

3．输入/输出接口电路

输入/输出接口电路的作用是将输入信号转换为 CPU 能够接收和处理的信号，并将 CPU 输出的弱电信号转换为外部设备所需要的强电信号，而且能有效地抑制干扰，起到与外部电路的隔离作用。

（1）输入接口电路。

输入接口由光电耦合输入电路和微处理器输入接口电路组成。光电耦合输入电路的作用是隔离输入信号，防止现场的强电干扰进入微机。对交流输入信号还采用变压器或继电器隔离，有的还用滤波环节来增强抗干扰性能。

各种 PLC 的输入电路大都相同，通常有直流输入、交流输入两种基本类型，直流输入电源有外部直流电源和 PLC 内部电源。当直流输入电源为 PLC 内部的直流电源时，又称为干接触式，交流输入必须外加电源。PLC 输入接口电路原理如图 3.5 所示。

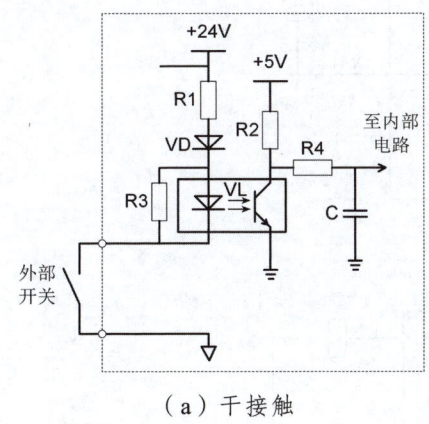
（a）干接触

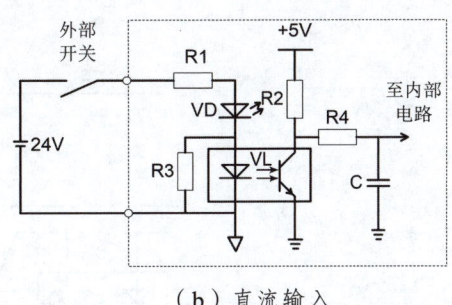
（b）直流输入

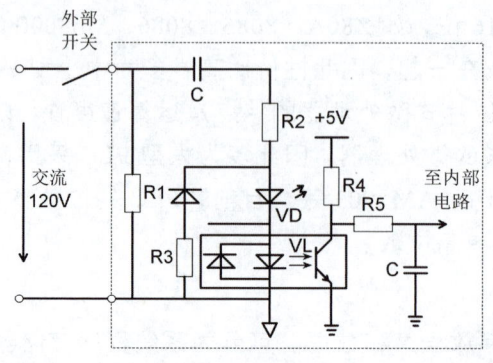

（c）交流输入

图 3.5　输入接口电路

I/O 接口是 PLC 与输入/输出设备连接的部件。输入接口接受输入设备（如按钮、传感器、触点、行程开关等）的控制信号。输出接口将主机经处理后的结果通过功放电路去驱动输出设备（如接触器、电磁阀、指示灯等）。

I/O 接口一般采用光电耦合电路，以减少电磁干扰，从而提高了可靠性。I/O 点数即输入/输出端子数，是 PLC 的一项主要技术指标，通常小型机有几十个点，中型机有几百个点，大型机将超过千点。

（2）输出接口电路。

输出接口电路有继电器输出型、晶体管输出型和晶闸管输出型 3 种。其中继电器输出型为有触点的输出，可用于直流或低频交流负载；晶体管输出型和晶闸管输出型都是无触点的输出。前者适用于高速、小功率直流负载，后者适用于高速、大功率交流负载。PLC 输出接口电路原理如图 3.6 所示。

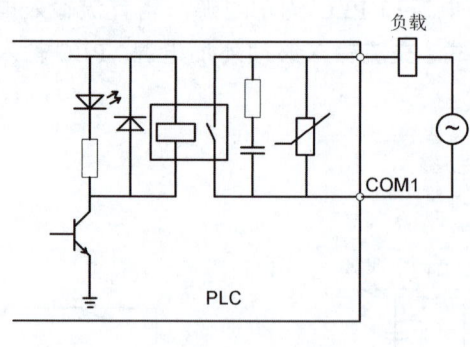

（a）继电器输出

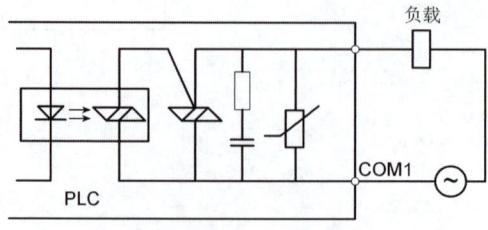

（b）晶体管输出

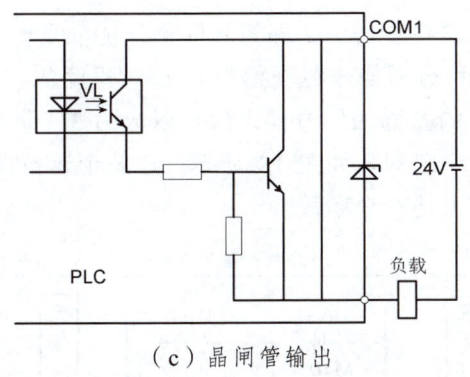

（c）晶闸管输出

图 3.6 输出接口电路

（3）电源。

电源单元的作用是把外部电源（通常是 220V 的交流电源）转换成内部工作电压。外部连接的电源，通过 PLC 内部配有的一个专用开关式稳压电源，将交流/直流供电电源转化为 PLC 内部电路需要的工作电源（直流 5V、±12V、24V），并为外部输入元件（如接近开关）提供 24V 直流电源（仅供输入端点使用），而驱动 PLC 负载的电源由用户提供。

对于整体式结构的 PLC，电源通常封装在机箱内部；对于模块式 PLC，有的采用单独的电源模块，有的将电源与 CPU 封装到一个模块中。在 PLC 中，为避免电源间干扰，输入与输出接口电路的电源彼此相互独立。小型 PLC 电源往往和 CPU 单元合为一体，中大型 PLC 都有专门的电源单元。直流电源常采用开关稳压电源，稳压性能好、抗干扰能力强，不仅可提供多路独立的电压供内部电路使用，而且还可为输入设备提供标准电源。

（4）I/O 扩展接口。

当主机（基本单元）的 I/O 点数不能满足输入输出设备点数需要时，可通过此接口用扁平电缆线将 I/O 扩展单元与主机相连，以增加 I/O 点数。A/D、D/A 单元也通过该接口与主机相接。

（5）编程器。

编程器是 PLC 的主要外围设备，利用编程器能将用户程序送入 PLC 的存储器，还可以检查、修改程序，并监视 PLC 的工作状态。编程器一般分简易型和智能型两类。小型 PLC 常用简易型，大中型 PLC 多用智能型。现在普遍采用微机作为编程器，在微机内添加专用编程软件，即可对 PLC 编制控制程序并显示梯形图或语句指令，非常方便，因此得到了广泛应用。

（6）外部设备接口。

外部设备接口是指在主机外壳上与外部设备配接的插座。通过电缆可配接编程器、计算机、打印机、EPROM 写入器、条码判读器等，实现编程、监控、连网等功能。

（二）PLC 的工作原理

PLC 是一种工业计算机，其工作原理是建立在计算机工作原理基础上的，CPU

采用分时操作方式来处理各项任务，即每一时刻只能处理一件事情，程序的执行是按照顺序依次执行。这种分时操作过程称为 PLC 对程序的扫描。扫描一次所用的时间称为扫描周期。PLC 的扫描工作过程大致可以分为 3 个阶段：即输入采样、用户程序执行和输出刷新 3 个阶段，如图 3.7 所示。在整个运行期间，PLC 的 CPU 以一定的扫描速度重复执行上述 3 个阶段。

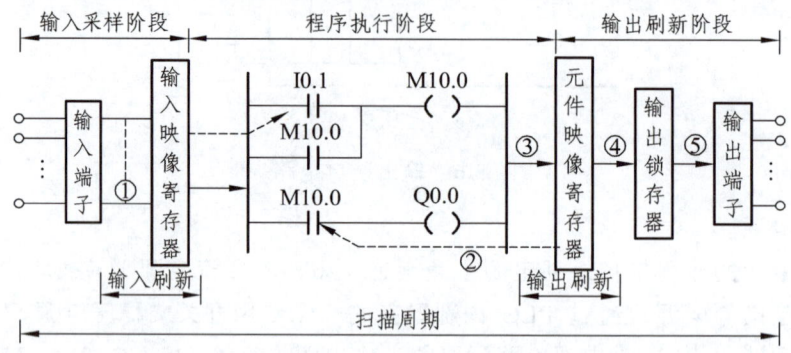

图 3.7 PLC 的工作原理

1．输入采样阶段

在输入采样阶段，PLC 首先扫描所有输入端子，再依次地读入所有输入状态和数据，并将它们存入输入映像寄存器中，此时，输入映像区被刷新。输入采样结束后，转入用户程序执行和输出刷新阶段。在这两个阶段中，即使输入状态和数据发生变化，输入映像区中相应单元的状态和数据也不会改变。因此，如果输入是脉冲信号，则该脉冲信号的宽度必须大于一个扫描周期，这才能保证在任何情况下，该输入均能被读入。

2．用户程序执行阶段

在用户程序执行阶段，PLC 总是按由上而下的顺序依次地扫描用户程序（梯形图）。在扫描每一条梯形图时，又总是先扫描梯形图左边的由各触点构成的控制电路，并按先左后右、先上后下的顺序对由触点构成的控制电路进行相应运算，最后将执行结果写入输出映像寄存器中。

3．输出刷新阶段（输出处理阶段）

CPU 在执行完所有的指令后，把输出状态寄存器中的内容转存到输出锁存器中，并通过输出接口电路将其输出，来驱动 PLC 的外部负载，控制设备的相应动作，形成 PLC 的实际输出。

实际上，在每个扫描周期内，CPU 除了执行用户程序外，还要进行系统自诊断和通信请求，并及时接收外来的控制命令，以提高 PLC 工作的可靠性，但所占用时间很短。由此可见，PLC 通过周期性循环扫描，并采取集中采样和集中输出的方式执行用户程序。这与计算机的工作方式不同，计算机在工作过程中，如果输入条件没有满足，程序将等待，直到条件满足才继续执行；而 PLC 在输入条件不满足时，程序照样往下执行，它将依靠不断的循环扫描，一次次通过输入采样捕捉输入变量。当然由此也带来一个问题，如果在本次扫描之后输入变量才发生变化，则只有等待下一次扫描时才能确认。这就造成了输入与输出响应的滞后，在一定程度上降低了系统的响应速度，但由于 PLC 的一个工作周期仅为数十毫秒，故这种很短的滞后时间对一般的工业控制系统影响不大。

（三）PLC 的软件及编程语言

PLC 是一种工业控制计算机。与计算机一样，PLC 的软件也分为系统软件和应用软件。

1. 系统软件

PLC 的系统软件就是系统监控程序，也有人称之为 PLC 的操作系统。它是每台可编程控制器都必须包括的部分，用于控制 PLC 本身的运行，是由 PLC 制造厂家编制的。系统监控程序可分为 3 个部分：系统管理程序、用户指令解释程序、标准程序模块和系统调用。

（1）系统管理程序。

系统管理程序是监控程序中最重要的部分。它主要负责系统的运行管理、存储空间的管理和系统自检，包括系统出错检验、用户程序语法检验、句法检验、警戒时钟运行等。有了系统管理程序，可编程控制器就能在其管理控制下，有条不紊地进行各种工作。

（2）用户指令解释程序。

在可编程控制器中采用梯形图语言编程，再通过用户指令解释程序，将梯形图语言逐条翻译成机器语言。由于在执行指令过程中需要对指令逐条解释，所以降低了程序的执行速度。好在 PLC 控制的对象多是机电控制设备，这些滞后的时间（μs 或 ms 级）完全可以忽略不计。尤其是当前 PLC 的主频越来越高，这种时间上的延迟将越来越短。

（3）标准程序模块和系统调用。

这部分是由许多独立的程序块组成的，各自实现不同的功能，如输入、输出、运算或特殊运算等。可编程控制器的各种具体工作都是由这部分程序完成的，这部分程序的多少，就决定了 PLC 的性能。

整个系统监控程序是一个整体，它的质量好坏，很大程度上决定了可编程控制器的性能。

2. PLC 的编程语言

编程语言是 PLC 的重要组成部分，PLC 为用户提供了完整的编程语言，以适应用户编制程序的需要。IEC61131.3 为 PLC 制定了 5 种 PLC 的标准编程语言，其中有 3 种图形语言，分别为梯形图（LAdder Diagram，LAD）、功能块图（Function Block Diagram，FBD）、顺序功能图（Sequential Function Chart，SFC）；两种文本语言，即指令表（STatement List，STL）和结构化文本（Structured Text，ST）。

（1）梯形图语言。

梯形图是 PLC 最早使用的一种编程语言，也是 PLC 最普遍采用的编程语言。它将 PLC 内部的各种编程元件和各种具有特定功能的命令用专用图形符号定义，并按控制要求将有关图形符号按一定规律连接起来，构成描述输入、输出之间控制关系的图形，这种图形称为 PLC 梯形图。梯形图编程语言是从继电器控制系统原理图的基础上演变而来的，继承了继电器控制系统中的基本工作原理和电器逻辑关系的表达方法，梯形图语言与继电器控制系统梯形图的基本思想是一致的，只是在使用符号和表达方式上有一定区别，如图 3.8（a）、（b）所示。

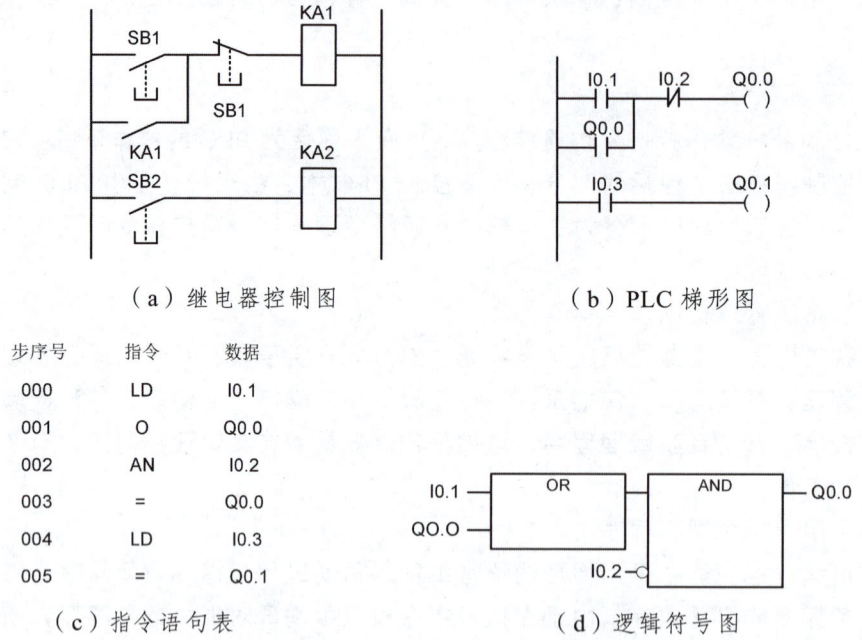

图 3.8　继电器控制电路图与 PLC 编程语言

① 电气元件与能流。

PLC 梯形图只是一个控制程序并不是实际电路，梯形图中的继电器、定时器、计数器也不是物理继电器，而是存储器中的存储位，因此称其为"软器件"。相应位为"1"状态时，表示继电器线圈通电或常开触点闭合、常闭触点断开；相应位状态为"0"时，表示该继电器线圈断电，或其常开、常闭触点保持原状态。PLC 梯形图两端并没有电源，也没有真实电流，仅是概念性电流，称其为"能流"或"使能流"。

② 继电器。

PLC 中的继电器有输出继电器、辅助继电器等。与传统的继电—接触器中的继电器相比，PLC 中的继电器是"软继电器"，其触点从理论上讲可以无限次使用。

③ 触点。

PLC 中的继电器触点是对应的存储器存储单元，在程序运行中仅是对存储状态的读取，可以无限次重复使用，因此可认为 PLC 的每个"软继电器"具有无数对常闭或常开触点供用户使用，也没有使用寿命的限制，无需用复杂的程序结构来减少触点的使用次数。

④ 工作方式。

继电-接触器控制电路通电后是并行工作方式，也就是按同时执行方式工作，一旦形成电流通路，可能有多条支路同时工作；而PLC梯形图是串行工作方式，按梯形图的扫描顺序，自左至右、自上而下执行，并循环扫描，不存在几条并列支路同时动作。这种串行工作方式可以在梯形图设计时减少许多有约束关系的连锁电路，使电路设计简化。

（2）功能块图（FBD）。

功能块图（FBD）是另一种图形化的编程语言，沿用了半导体逻辑电路中逻辑框图的表达方式。一般用一种功能模块（或称功能框）表示一种特定的功能，模块内的符号表示该功能块图的功能。功能块图有基本逻辑功能、计时和计数功能、运算和比较功能及数据传送功能等，如图3.8（d）所示。

（3）顺序功能图。

SFC编程方法是法国人开发的，是一种真正的图形化的编程方法。SFC专用于描述工业顺序控制程序，使用它可以对具有并发、选择等复杂结构的系统进行编程，特别适合在复杂的顺序控制系统中使用。

（4）指令语句表。

指令语句表编程语言类似于计算机中的助记符汇编语言，它是PLC最基础的编程语言。所谓指令语句表编程，是用一个或几个容易记忆的字符来代表PLC的某种操作功能，按照一定的语法和句法编写出一行一行的程序，来实现所要求的控制任务的逻辑关系或运算。梯形图语言虽然直观、方便、易懂，但必须配有较大的显示器才能输入图形，一般多用于计算机编程环境中。而指令语句表常用于手持编程器，通过输入助记符语言在生产现场编制、调试程序。对于同一厂家的PLC产品，其指令表语言与梯形图语言是相互对应的，可以互相转换，如图3.8中，图（b）是梯形图语言，图（c）是与之对应的指令表语言。

（5）结构化文本。

结构化文本是一种高级的文本语言，是一种较新的编程语言。结构化文本语言表面上与PASCAL语言很相似，但它是一个专门为工业控制应用开发的编程语言，具有很强的编程能力，与梯形图相比，它能实现复杂的数学运算，编写的程序非常简洁和紧凑。

三、扩展知识：PLC的中断处理

外部信号的输入总是通过PLC扫描，由"输入传送"来完成，这就不可避免地带来了"逻辑滞后"。PLC能不能像计算机那样采用中断输入的方法，即当有中断申请信号输入后，系统会不会中断正在执行的程序而转去执行相关的中断子程序；系统若有多个中断源时，它们之间按重要性是否有一个先后顺序的排队，系统能否由程序设定允许中断或禁止中断等。PLC关于中断的概念及处理思路与一般计算机系统基本是一样的，但也有特殊之处。

1．中断响应问题

一般计算机系统的CPU，在执行每一条指令结束时去查询有无中断申请。而PLC对中断的响应则是在相关的程序块结束后查询有无中断申请和在执行用户程序时查询有无中断申请。如有中断申请,则转入执行中断服务程序。如果用户程序以块式结构组成,则在每块结束或实行块调用时处理中断。

2．中断源先后顺序及中断嵌套问题

在 PLC 中,中断源的信息是通过输入点进入系统的。PLC 扫描输入点是按输入点编号的先后顺序进行的,因此,中断源的先后顺序按输入点编号的顺序排列进行。系统接到中断申请后,顺序扫描中断源。它可能只有一个中断源申请中断,也可能同时有多个中断源申请中断。系统在扫描中断源的过程中,就在存储器的一个特定区建立起"中断处理表",按顺序存放中断信息。中断源被扫描过后,中断处理表亦已建立完毕,系统就按该表顺序先后转至相应的中断子程序入口地址去工作。

必须说明的是,多中断源可以有优先顺序,但无嵌套关系。即中断程序执行中,若有新的中断发生,不论新中断的优先顺序如何,都要等执行中的中断处理结束后,再进行新的中断处理。因此,在 PLC 系统工作中,当转入下一中断服务程序时,并不自动关闭中断,所以,也没有必要去开启中断。

3．中断服务程序执行结果信息输出问题

PLC 按巡回扫描方式工作,正常的 I/O 在扫描周期的一定阶段进行,这给外设希望及时响应带来了困难。采用中断输入,解决了对输入信号的高速响应。当中断申请被响应时,在执行中断子程序后有关信息应当尽早送到相关外设,而不希望等到扫描周期的输出传送阶段。也就是说,对部分信息的 I/O 要与系统 CPU 的周期扫描脱离,可利用专门的硬件模块(如快速响应 I/O 模块)或通过软件利用专门指令使某些 I/O 立即执行来解决。

习题与思考题

1. PLC 有何特点?
2. PLC 与继电器控制系统相比有哪些异同?
3. PLC 与单片机控制系统相比有哪些异同?
4. PLC 是怎么进行分类的?每一类的特点是什么?
5. 构成 PLC 的主要部件有哪些?各部分主要作用是什么?
6. PLC 的扫描工作过程大致可以分为几个阶段?每个阶段主要完成哪些控制任务?
7. 在 IEC61131.3 国际标准编程语言中,提供了哪些 PLC 编程语言?各有何特点?

项目四　S7-200 PLC 及其基本指令

任务一　S7-200 PLC 的系统配置与接口模块

学习目标

（1）了解西门子 S7-200 PLC 面板上各部分的功能。
（2）了解西门子 S7-200 PLC 系统的组成。
（3）熟悉西门子 S7-200 PLC 系统的接口与模块。

一、任务导入

PLC 的工作依靠自身软件、硬件的配合，两者一一对应，可以由不同的硬件匹配不同的软件完成相同的功能。硬件是其正常工作的物理基础，包括 PLC、供电电源和输入/输出硬件。软件决定了整体的工作方式和功能，所以我们必须先了解 PLC 的硬件。

二、相关知识

PLC 主要由中央处理器（CPU）、存储器（RAM、ROM）、输入/输出单元（I/O）、电源和编程器等部分组成。西门子 S7-200 外观结构如图 4.1 所示。

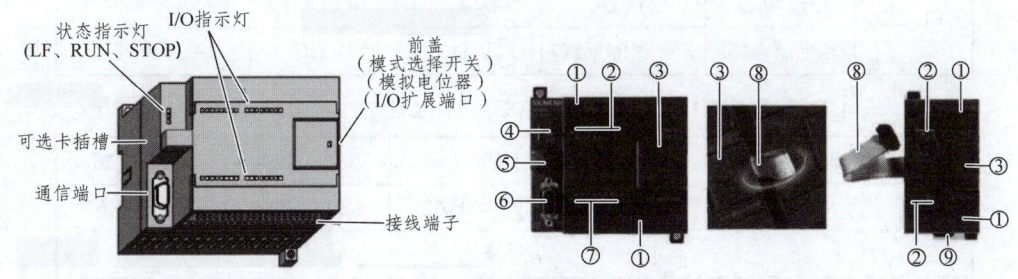

图 4.1　西门子 S7-200 外观结构

① I/O 接线端子排。
② 输出 LED 指示。
③ 前盖：模式选择开关（RUN/STOP）、模拟电位器、扩展端口（适用大部分 CPU）。

④ 状态LED：系统错误/诊断（SF/DIAG）、RUN（运行）、STOP（停止）。

⑤ 可选卡插槽：存储卡、时钟卡、电池卡。

⑥ 通信口。

⑦ 输入LED指示。

⑧ 扩展电缆。

⑨ 用于装上标准（DIN）导轨的夹片。

（一）S7-200 PLC系统的组成

1．中央处理器

从CPU模块的功能来看，SIMATIC S7-200系列小型可编程序控制器的发展，大致经历了两代：

第一代产品的CPU模块为CPU 21X，主机都可进行扩展，它具有四种不同结构配置的CPU单元：CPU 212、CPU 214、CPU215和CPU216，对第一代PLC产品不再作具体介绍。

第二代产品的CPU模块为CPU 22X，是在21世纪初投放市场的，其速度快，具有较强的通信能力。它具有四种不同结构配置的CPU单元：CPU 221、CPU 222、CPU 224和CPU 226，除CPU 221之外，其他都可加扩展模块。下面就SIMATIC S7-200系列 CPU 22XPLC主机及I/O系统做一下介绍。

四种CPU各有晶体管输出和继电器输出两种类型，具有不同电源电压和控制电压。各类型的型号如表4.1所示。

SIMATIC S7-200 CPU 22X系列PLC的主要技术性能指标如表4.2所示。

表4.1　CPU型号

CPU	类　型	电源电压	输入电压	输出电压	输出电流
CPU 221	DC输出 DC输入	24VDC	24VDC	24VDC	0.75A，晶体管
CPU 222 CPU 224 CPU 226	继电器输出 DC输入	85～266VAC	24VAC	24VDC 24～230VAC	2A，继电器
	DC输出	24VDC	24VAC	24VDC	0.75A，晶体管
	继电器输出	85～264VAC	24V DC	24VDC	2A，继电器

表4.2　SIMATIC S7-200 CPU 22X系列PLC的主要技术性能指标

技术指标项	CPU 221	CPU 222	CPU 224	CPU 226
外形尺寸/mm	90×80×62	90×80×62	120×80×62	190×80×62
存储器				
用户程序	2048字	2048字	4096字	4096字
用户数据	1024字	1024字	2560字	2560字
用户存储器类型	EEPROM	EEPROM	EEPROM	EEPROM
数据后备（超级电容）典型值	50小时	50小时	50小时	50小时

续表

技术指标项	CPU 221	CPU 222	CPU 224	CPU 226
输入/输出				
本机 I/O	6入/4出	8入/6出	14入/10出	24入/16出
扩展模块数量	无	2个模块	7个模块	7个模块
数字量I/O映像区大小	256	256	256	256
模拟量I/O映像区大小	无	16入/16出	32入/32出	32入/32出
指令系统				
33 MHz下布尔指令执行速度	0.37 μs/指令	0.37 μs/指令	0.37 μs/指令	0.37 μs/指令
FOR/NEXT 循环	有	有	有	有
整数指令	有	有	有	有
实数指令	有	有	有	有

PLC通过输入/输出点与现场设备构成一个完整的PLC控制系统，因此要综合考虑现场设备的性质以及 PLC 的输入/输出特性，才能更好地利用PLC的功能。SIMATIC S7-200 CPU 22X 系列 PLC I/O 特性如表 4.3 所示。

表 4.3　主机及 I/O 特性

型　号	主机输出类型	主机输入点数	主机输出点数	可扩展模块数
CPU 221	DC/继电器	6	4	无
CPU 222	DC/继电器	8	6	2
CPU 224	DC/继电器	14	10	7
CPU 226	DC/继电器	24	16	7

2．存储器

存储器是具有记忆功能的半导体集成电路，用于存放系统程序、用户程序、逻辑变量和其他信息。系统程序是控制和完成PLC多种功能的程序，由厂家编写。用户程序是根据生产过程和工艺要求设计的控制程序，由用户编写。PLC中常用的存储器有 ROM、RAM 和 EPROM。

（1）只读存储器（ROM）。

只读存储器中一般存放系统程序。系统程序具有开机自检、工作方式选择、键盘输入处理、信息传递和对用户程序的翻译解释等功能。系统程序关系到 PLC 的性能，由制造厂家用微机的机器语言编写并在出厂时已固化在 ROM 或 EPROM（紫外线可擦除 ROM）芯片中，用户不能直接存取。

（2）随机存储器（RAM）。

随机存储器又称可读可写存储器。读出时 RAM 中的内容保持不变。写入时，新写入的信息覆盖了原来的内容。因此 RAM 用来存放既可读出又需要经常修改的内容。PLC 中的 RAM 一般存放用户程序、逻辑变量和其他一些信息。用户程序是在编程方式下,用户从键盘上输入并经过系统程序编译处理后放在 RAM 中的。RAM 中的内容在掉电后会消失,所以 PLC 为 RAM 提供了备用锂电池,若经常带负载可维持 3～5 年。如果要长期使用调试通过的用户程序,可用专用 EPROM 写入器把程序固化在 EPROM 芯片中,再把该芯片插在 PLC 上的 EPROM 专用插座中。

3．电　源

电源单元是将交流电压信号转换成处理器、存储器及输入/输出部件正常工作所需要的直流电源。由于 PLC 主要用于工业现场的自动控制,直接处于工业干扰的影响之中,所以为了保证 PLC 内主机可靠工作,电源单元对供电电源采用了较多的滤波环节,还用集成电压调整器进行调整以适应交流电网的电压波动,对过电压和欠电压都有一定的保护作用。另外,采用了较多的屏蔽措施来防止工业环境中的空间电磁干扰。常用的电源电路有串联稳压电路、开关式稳压电路和设有变压器的逆变式电路。供电电源的电压等级常见的有 AC：100 V、200 V；DC：100 V、48 V、24 V 等。

4．编程器

编程器是 PC 的重要外围设备,利用编程器将用户程序送入 PC 的存储器,还可以用编程器检查程序、修改程序,利用编程器还可以监视 PC 的工作状态。编程器一般分简易型编程器、智能型编程器、小型 PC 常用简易型编程器,大中型 PC 多用智能型 CRT 编程器。除此以外,在个人计算机上添加适当的硬件接口和软件包,即可用个人计算机对 PC 编程。利用微机作为编程器,可以直接编制并显示梯形图。

PLC 还有一些外围设备,如 EPROM 写入器、打印机、图形编辑器、工业计算机等,这些设备必须通过相应的接口电路与 PC 连接。

以上几部分和接口模块组成的整体称为 PLC,是一种可根据生产需要人为灵活变更控制规律的控制装置。它与多种生产机械配套可组成多种工业控制设备,实现对生产过程或某些工艺参数的自动控制。由于 PC 主机实质上是一台工业专用微机,并具有普通微机所不具有的特点,因而它成为开路、闭路控制的首选方案。

综上所述,PC 主机在构成实际系统时,至少需要建立两种双向的信息交流通道,即完成主机与生产机械之间、主机与人之间的信息交换。在与生产现场进行连接后,含有工况信息的电信号通过输入通道。

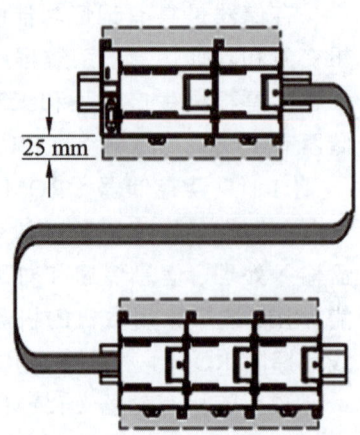

图 4.2　PLC 扩展模块的连接

（二）S7-200PLC 的接口模块

1．输入/输出扩展模块

当主机单元模板上的 I/O 点数不够时,或者涉及模拟量控制时,除了 CPU 221 以外,都可以通过增加扩展单元模板的方法,对输入/输出点数进行扩展。

（1）设备连接,如图 4.2 所示。

（2）最大 I/O 配置的预算。在进行 I/O 扩展时,各扩展模块在 DC5V 下所消耗的电流应不大于 CPU 主机模板在 DC 5V 下所能提供的最大扩展电流。CPU 22X 系列 PLC 可连接的各扩展模块消耗 DC5V 电流如表 4.4 所示。

表 4.4 扩展模块消耗电流

扩展模块编号	扩展模块型号	模块消耗电流/mA
1	EM221 DI8xDC 24 V	30
2	EM222 DO8xDC 24 V	50
3	EM222 DO8x 继电器	40
4	EM223 DI4/DO4xDC 24V	40
5	EM223 DI4/DO4xDC 24V/继电器	40
6	EM223 DI8/DO8 xDC 24V	80
7	EM223 DI8/DO8xDC 24V/继电器	80
8	EM223 DI16/DO16xDC 24V	160
9	EM223 DI16/DO16 xDC 24V/继电器	150
10	EM231 AI4x12 位	20
11	EM231 AI4x 热电偶	60
12	EM231 AI4xRTD	60
13	EM232 AQ2x12 位	20
14	EM235 AI4/AQ1x12	30
15	EM277 PROFIBUS-DP	150

2．模拟量 I/O 扩展模块

生产过程中有许多电压、电流信号，用连续变化的形式表示流量、温度、压力等工艺参数的大小，这就是模拟量信号。这些信号在一定范围内连续变化，如 -10~+10 V 电压，或者 0/4~20 mA 电流。

S7-200 CPU 不能直接处理模拟量信号，必须通过专门的硬件接口，把模拟量信号转换为 CPU 可以处理的数据，或者将 CPU 运算得出的数据转换为模拟量信号。数据的大小与模拟量信号的大小相关，数据的地址由模拟量信号的硬件连接所决定。用户程序通过访问模拟量信号对应的数据地址，获取或者输出真实的模拟量信号。S7-200 提供了专用的模拟量模块来处理模拟量信号。

EM231：模拟量输入模块，4 通道电流/电压输入。

EM232：模拟量输出模块，2 通道电流/电压输出。

EM235：模拟量输入/输出模块，4 通道电流/电压输入、1 通道电流/电压输出。

3．温度测量扩展模块

温度测量扩展模块是模拟量模块的特殊形式，可以直接连接 TC（热电偶）和 RTD（热电阻）以测量温度。它们各自都可以支持多种热电偶和热电阻，使用时只需简单设置就可以直接得到摄氏（或华氏）温度数值。

EM231 TC：热电偶输入模块，4 输入通道。

EM231 RTD：热电阻输入模块，2 输入通道。

4．特殊功能模块

S7-200 系统提供了一些特殊模块，用于完成特定的任务。例如：定位控制模块 EM253，它能产生脉冲串，通过驱动装置带动步进电机或伺服电机进行速度和位置的开环控制。每个模块可以控制一台电机。

5．通信模块

S7-200 系统提供以下几种通信模块，以适应不同的通信方式。

EM277：PROFIBUS-DP 从站通信模块，同时也支持 MPI 从站通信。

EM241：调制解调器（Modem）通信模块。

CP243-1：工业以太网通信模块。

CP243-1IT：工业以太网通信模块，同时支持 Web/E-mail 等 IT 应用功能。

CP243-2：AS-Interface 主站模块，可连接最多 62 个 AS-Interface 从站。

6．总线延长电缆

如果 S7-200 CPU 和扩展模块不能安装在一起，可以选用总线延长电缆，以适应灵活安装的需求。电缆长度为 0.8 m，一个 S7-200 系统只能安装一条总线延长电缆。

习题与思考题

1．PLC 的主要部件有哪些？各部分的主要作用是什么？

2．一个控制系统需要 10 个数字量输入，20 个数字量输出，6 个点模拟量输入和 1 个点模拟量输出，那么应该选择哪种主机型号？如何选择扩展模块？

任务二　S7-200 PLC 的编程语言及数据类型

学习目标

（1）熟悉 S7-200 系列 PLC 的编程语言。
（2）熟练应用基本指令编程。
（3）初步了解编程方法。

一、任务导入

PLC 为用户提供了完整的编程语言，以适应编制用户程序的需要。PLC 提供的编程语言通常有以下几种：梯形图、指令表、功能块图。下面以 S7-200 系列 PLC 为例加以说明。

二、相关知识

（一）S7-200 系列 PLC 的编程语言

1. 梯形图（LAD）程序设计语言

梯形图程序设计语言是从继电器控制系统原理图的基础上演变而来的。PLC 的梯形图与继电器控制系统的梯形图的基本思想是一致的，只是在使用符号和表达方式上有一定区别。LAD 图形指令有 3 种基本形式：触点、线圈、指令盒。

（1）触点。

触点符号代表输入条件，如外部开关、按钮及内部条件等。CPU 运行扫描到触点符号时，到触点位指定的存储器位访问（即 CPU 对存储器的读操作）。该位数据（状态）为 1 时，表示"能流"能通过。计算机读操作的次数不受限制，在用户程序中，常开触点、常闭触点可以使用无数次。

（2）线圈。

线圈表示输出结果，通过输出接口电路来控制外部的指示灯、接触器等及内部的输出条件等。线圈左侧接点组成的逻辑运算结果为 1 时，"能流"可以达到线圈，使线圈得电动作。CPU 将线圈的位地址指定的存储器的位置 1 时，逻辑运算结果为 0，线圈不通电；存储器的位置 0 时，即线圈代表 CPU 对存储器进行写操作。PLC 采用循环扫描的工作方式，所以在用户程序中，每个线圈只能使用一次。

（3）指令盒。

指令盒代表一些较复杂的功能，如定时器、计数器或数学运算指令等。当"能流"通过指令盒时，执行指令盒所代表的功能。

梯形图按照逻辑关系可分成网络段，分段只是为了阅读和调试方便。

梯形图示例如图 4.3 所示。

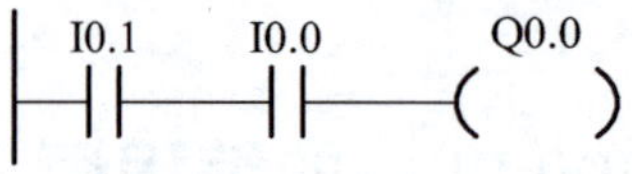

图 4.3　梯形图

2．语句表程序设计语言

语句表程序指令由操作码和操作数组成,类似于计算机的汇编语言。它的图形显示形式即为梯形图程序指令,而语句表程序指令则显示为文本格式,并具有下列特点:

（1）采用助记符来表示操作功能,具有容易记忆、便于掌握的特点。

（2）在编程器的键盘上采用助记符表示,具有便于操作的特点,可在无计算机的场合进行编程设计。

（3）用编程软件可以将语句表与梯形图相互转换。

语句表示例如图 4.4 所示。

```
LD    I0.1
A     I0.0
=     Q0.0
```
图 4.4　语句表

3．功能块图程序设计语言

功能块图程序指令由功能框元素表示。与（AND）/或（OR）功能块图程序指令如同梯形图程序指令中的触点一样用于操作布尔信号,其他类型的功能块图与梯形图程序指令中的功能框类似。

功能块图示例如图 4.5 所示。

图 4.5　功能块图

（二）S7-200 系列 PLC 数据类型及元件功能

1．数据类型

S7-200 系列 PLC 的数据类型可以是字符串、布尔型（0 或 1）、整数型和实数型（浮点数）。布尔型数据指字节型无符号整数;整数型数据包括 16 位符号整数（INT）和 32 位符号整数（DINT）;实数型数据采用 32 位单精度数来表示。数据类型、长度及数据范围如表 4.5 所示。

表 4.5　数据类型、长度及数据范围

数据的长度、类型	无符号整数范围		符号整数范围	
	十进制	十六进制	十进制	十六进制
字节 B（8 位）	0～255	0～FF	−128～127	80～7F
字 W（16 位）	0～65 535	0～FFFF	−22 768～32 767	8 000～7FFF
双字 D（32 位）	0～4 294 967 295	0～FFFFFFFF	−2 147 483 648～2 147 483 647	80 000 000～7FFFFFFF
整数 INT（16 位）	0～65 535	0～FFFF	−32 768～32 767	8000～7FFF
布尔 BOOL（1 位）	0、1			
实数 REAL	-10^{38}～10^{38}			
字符串	每个字符串以字节形式存储,最大长度为 255 字节,第一个字节中定义该字符串的长度			

2. 编址方式

S7-200 PLC 的存储单元按字节进行编址，无论所寻址的是何种数据类型，通常应指出它所在存储区域内的地址。位存储单元的地址由字节地址和位地址组成。例如，I3.2 的含义为：I 为区域标识符，表示输入；字节地址为 3；位地址为 2，位地址左边为高，右边为低，如图 4.6 所示。输入字节 IB3，B 是 Byte 的缩写，由 B.0—B.7 这 8 位组成。

对于同一地址进行字、字节和双字节存取操作时，相邻的两个字节组成 1 个字，用 W 表示字（Word），用 D 表示存取双字（Double Word）。VW100 表示由 VB100 和 VB101 组成的 1 个字，其中 V 为区域标示符，100 为起始字节的地址。VD100 表示由 VB100-VB103 组成的双字，100 为起始字节的地址，如图 4.7 所示。

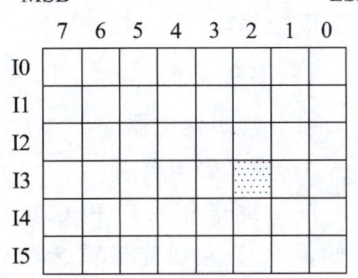

图 4.6　位存储单元的地址

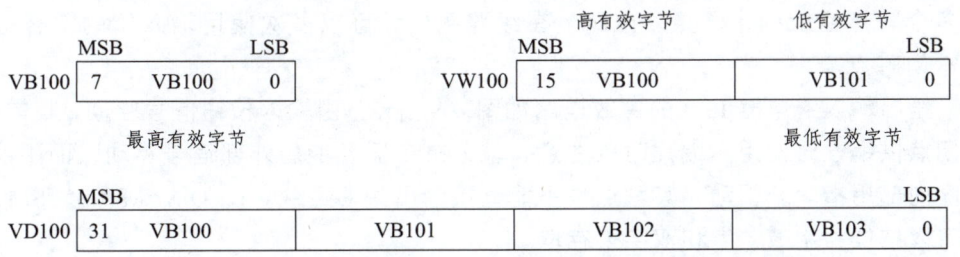

图 4.7　同一字节进行字、字节和双字节存取操作图

位编址的指定方式：（区域标志符）字节号. 位号，如 I0.0；Q0.0；I1.2。

字节编址的指定方式：（区域标志符）B（字节号），如 IB0 表示由 I0.0～I0.7 这 8 位组成的字节。

字编址的指定方式：（区域标志符）W（起始字节号），且最高有效字节为起始字节。例如 VW0 表示由 VB0 和 VB1 这 2 字组成的字，其中 VB0 表示高字节，VB1 表示低字节。

双字编址的指定方式：（区域标志符）D（起始字节号），且最高有效字节为起始字节。例如 VD0 表示由 VB0 到 VB3 这 4 字节组成的双字，其中各字节按照由高到低的排列顺序为 VB0、VB1、VB2、VB3。

3. 寻址方式

（1）直接寻址。

S7-200 PLC 的存储单元的每个单元都有唯一的地址。直接寻址就是在指令中直接使用存储器或寄存器的元件名称（区域标志）和地址编号，直接到指定的区域读取或写入数据，有按位、字节、字、双字的寻址方式。

（2）间接寻址。

间接寻址是指数据存放在存储器或寄存器中，在指令中只出现数据所在单元的内存地址的地址。存取单元地址的地址又称为地址指针。

间接寻址时，操作数并不提供直接数据位置，而是通过使用地址指针来存取存储器中的数据。在 S7-200 中允许使用指针对 I、Q、M、V、S、T、C（仅当前值）存储区进行间接寻址。间接寻址在处理内存连续地址中的数据时非常方便，而且缩短程序所生成的代码长度，使编址更加灵活。

使用间接寻址前，要先创建一个指向该位置的指针，指针建立好后，利用指针来存取数据。

4．编程元件

（1）常用继电器。

① 输入继电器 I。

输入继电器用户 PLC 接收来自外部输入的数字量信号。在每个扫描周期的开始，PLC 通过光电耦合器，将外部信号的状态读入，CPU 对物理输入点进行采样，并将采样值存于输入映像寄存器中。外部输入电路接通时对应的映像寄存器为 ON（1），反之为 OFF（0）。输入端可以外接常开触点或常闭触点，也可以接多个触点组成的串、并联电路。在线路图中，可以多次使用输入位的常开触点和常闭触点。

给出输入继电器 I0.0 的等效电路如图 4.8 所示。由输入按钮信号驱动，其常开、常闭点供编程时使用。编程时应注意，输入继电器只能由外部信号驱动，而不能在程序内部用指令来驱动，其触点也不能直接输出带动负载。I、Q V_M、S、SM、L 均可以按位、字节、字和双字来存取。

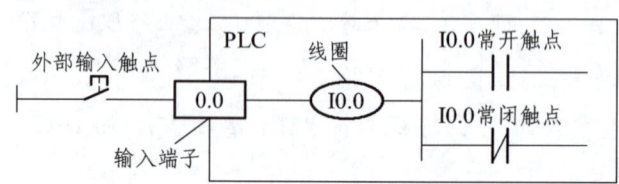

图 4.8　输入继电器示意图

S7-200 系列 PLC 的指令集还支持直接访问实际 I/O。使用立即输入指令时，绕过输入映像寄存器，直接读取输入端子上的 ON、OFF 状态，且不影响输入映像寄存器的状态。

② 输出继电器 Q。

PLC 的输出端子是 PLC 向外部负载发出控制命令的。输出继电器的外部输出触点接到输出端子，以控制外部负载。输出继电器的输出方式有 3 种：继电器输出、晶体管输出和晶闸管输出。在扫描周期的末尾，CPU 将输出过程映像寄存器的数据传送给输出模块，再由后者驱动外部负载。显然，输出继电器由程序执行结果所激励，它只有一对触点输出，直接带动负载。这对触点的状态对应于输出刷新阶段锁存电路的输出状态。如果线路图中 Q0.0 的线圈"通电"，则继电器型输出模块中对应的硬件继电器的常开触点闭合，使接在标号为 0.0 的端子的外部负载工作，反之则外部负载断电。

输出模块中的每一个硬件继电器仅有一对常开触点，但是在梯形图中，每一个输出位的常开触点和常闭触点都可以多次使用。输出继电器 Q0.0 的等效电路如图 4.9 所示。

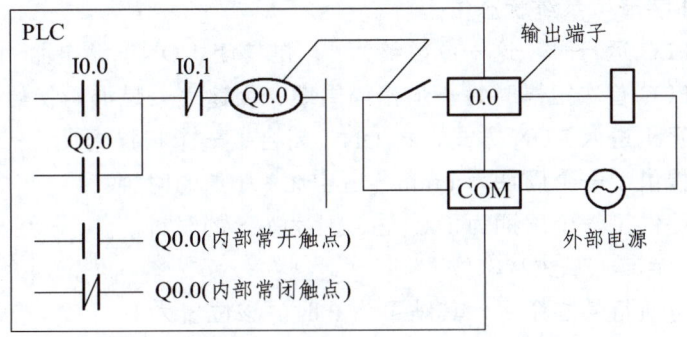

图 4.9 输出继电器示意图

使用立即输出指令时，除影响输出映像寄存器相应位的状态外，还立即将其内容传送到实际输出端子去驱动外部负载。

③ 辅助继电器 M。

辅助继电器作为控制继电器来存储中间操作状态或其他控制信息，并不直接驱动外部负载。一般以位为单位使用，即等同于一个中间继电器。也可以字节、字、双字为单位来存取。在 S7-200 系列 PLC 中，CPU 型号不同，辅助继电器的数量也不同。辅助继电器在线路中的应用如图 4.10 所示。

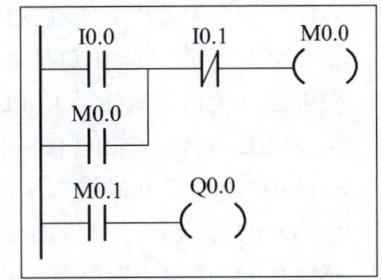

图 4.10 辅助继电器在线路中的应用

（2）变量寄存器。

变量寄存器在程序执行的过程中存放中间结果，或用来保存与工序或任务有关的其他数据。S7-200 系列 PLC 有较大容量的变量寄存器，用于模拟量控制、数据运算、位移循环控制、逻辑运算、设置参数用途。变量寄存器以位为单位使用，也可以字节、字、双字为单位使用，其数目取决于 CPU 的型号。三个变量寄存器示例如图 4.11 所示。

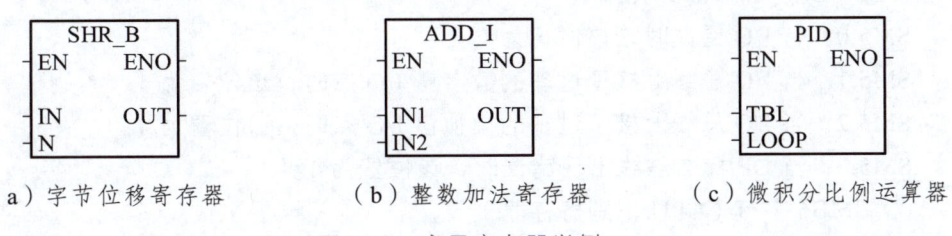

（a）字节位移寄存器　　（b）整数加法寄存器　　（c）微积分比例运算器

图 4.11 变量寄存器举例

（3）特殊标志位 SM。

特殊标志位是用户程序与系统程序之间的界面，为用户提供一些特殊的控制功能及系统信息，用户对操作的一些特殊要求也可通过特殊标志位通知系统。特殊标志位的数目取决于 CPU 的型号。特殊标志位分为只读区和可读可写区两大部分。可读可写特殊标志位用于特殊控制功能。例如，用于自由通信口设置的 SMB30 字节，用于定时中断间隔时间设置的 SMB34 字节和 SMB35 字节，用于高速计数器设置的

SMB36～SMB65 字节，用于脉冲串输出控制的 SMB66～SMB85 字节等。

常用的特殊标志位及其功能如下：

① SMB0 字节（系统状态位）。

SM0.0：PLC 运行时，这一位始终为 1，是常闭（ON）继电器；

SM0.1：PLC 首次扫描时为一个扫描周期，用途之一是调用初始化使用；

SM0.3：开机进入 RUN 方式，将 ON（闭合）一个扫描周期；

SM0.4：提供了一个周期为 1 min、占空比为 0.5 的时钟；

SM0.5：提供了一个周期为 1 s、占空比为 0.5 的时钟。

② SMB1 字节（系统状态位）。

SM1.0：当执行某些命令，其结果为 0 时，该位置为 1；

SM1.1：当执行某些命令，其结果溢出或出现非法数值时，该位置为 1；

SM1.2：当执行数学运算，其结果为负数时，该位置为 1；

SM1.6：当把一个非 BCD 数转换为二进制数时，该位置为 1；

SM1.7：当 ASCII 不能转换成有效的十六进制数时，该位置为 1。

③ SMB2 字节（自由口接收字符）。

在自由口通信方式下，从 PLC 端口 0 或端口 1 接收到的每一个字符。

④ SMB3 字节（自由口奇偶校验）。

SM3.0：当端口 0 或端口 1 的奇偶校验出错时，该位置为 1。

⑤ SMB4 字节（队列溢出）。

SM4.0：当通信中断队列溢出时，该位置为 1；

SM4.1：当输入中断队列溢出时，该位置为 1；

SM4.2：当定时中断队列溢出时，该位置为 1；

SM4.3：在运行时刻，发现编程问题时，该位置为 1；

SM4.4：当全局中断允许时，该位置为 1；

SM4.5：当端口 0 发送空闲时，该位置为 1；

SM4.6：当端口 1 发送空闲时，该位置为 1。

⑥ SMB5 字节（I/O 状态）。

SM5.0：有 I/O 错误时，该位置为 1；

SM5.1：当 I/O 总线上接了过多的数字量 I/O 点时，该位置为 1；

SM5.2：当 I/O 总线上接了过多的模拟量 I/O 点时，该位置为 1；

SM5.7：当 DP 标准总线出现错误时，该位置为 1。

⑦ SMB6 字节（CPU 识别寄存器）。

SM6.7-SM6.4=0000，为 CPU212/CPU222；

SM6.7-SM6.4=0010，为 CPU214/CPU224；

SM6.7-SM6.4=0110，为 CPU221；

SM6.7-SM6.4=1000，为 CPU215；

SM6.7-SM6.4=1001，为 CPU216/CPU226。

⑧ SMB8～SMB21 字节（I/O 模块识别和错误寄存器）。

SMB8：模块 0 识别寄存器；

SMB9：模块 0 错误寄存器；
SMB10：模块 1 识别寄存器；
SMB11：模块 1 错误寄存器；
SMB12：模块 2 识别寄存器；
SMB13：模块 2 错误寄存器；
SMB14：模块 3 识别寄存器；
SMB15：模块 3 错误寄存器；
SMB16：模块 4 识别寄存器；
SMB17：模块 4 错误寄存器；
SMB18：模块 5 识别寄存器；
SMB19：模块 5 错误寄存器；
SMB20：模块 6 识别寄存器；
SMB21：模块 6 错误寄存器。

⑨ SMW22～SMW26 字节（扫描时间）。

SMW22：上次扫描时间；

SMW24：进入 RUN 方式后，所记录的最短扫描时间；

SMW26：进入 RUN 方式后，所记录的最长扫描时间。

⑩ SMB28 字节和 SMB29 字节（模拟电位器）。

SMB28：存储模拟电位 0 的输入值；

SMB29：存储模拟电位 1 的输入值。

⑪ SMB30 字节和 SMB130 字节（自由口控制寄存器）。

SMB30：控制自由口 0 的通信方式；

SMB130：控制自由口 1 的通信方式。

⑫ SMB34 字节和 SMB35 字节（定时中断时间间隔寄存器）。

SMB34：定义定时中断 0 的时间间隔（5～255 ms，以 1 ms 为增量）；

SMB35：定义定时中断 1 的时间间隔（5～255 ms，以 1ms 为增量）。

⑬ SMB36～SMB65 字节（高速计数器 HSC0、HSC1 和 HSC2 寄存器）。

SMB36 HSC0：当前状态寄存器；

SMB37 HSC0：控制寄存器；

SMD38 HSC0：新的当前值；

SMD42 HSC0：新的预置值；

SMB46 HSC1：当前状态寄存器；

SMB47 HSC1：控制寄存器；

SMD48 HSC1：新的当前值；

SMD52 HSC1：新的预置值；

SMB56 HSC2：当前状态寄存器；

SMB57 HSC2：控制寄存器；

SMD58 HSC2：新的当前值；

SMD62 HSC2：新的预置值。

⑭ SMB66～SMB85 字节（监控脉冲输出（PTO）和脉宽调制（PWM）功能）。

⑮ SMB86～SMB94 字节、SMB186～SMB179 字节（接收信息控制）。

SMB86～SMB94：为通信口 0 的接收信息控制；

SMB179～SMB186：为通信口 1 的接收信息控制；

SMB86 和 SMB186：为接收信息状态寄存器；

SMB87 和 SMB187：为接收信息控制寄存器。

⑯ SMB98 字节和 SMB99 字节（有关扩展总线的错误号）。

⑰ SMB131～SMB165 字节（高速计数器 HSC3、HSC4 和 HSC5 寄存器）。

⑱ SMB166～SMB179 字节（PT00、PT01 的包络步的数量、包络表的地址和 V 存储器中表的地址 1）。

（4）定时器与计数器。

① 定时器。

定时器相当于继电器系统中的时间继电器。S7-200 有 3 种定时器，它们的时基增量分别为 1 ms、10 ms 和 100 ms。定时器的当前值寄存器是 16 位有符号整数，用于存储定时器累计的时基增量值（1～32 767）。

定时器位用来描述定时器的延时动作的触点状态。定时器位为 1 时，线路图中对应的常开触点闭合，常闭触点断开；定时器位为 0 时则触点的状态相反。

接通延时定时器的当前值（SV）大于等于设定值（PT）时，定时器位被置为 1。其线圈断电时，定时器位被复位为 0。用定时器地址来存取当前值和定时器位，带位操作数的指令存取定时器位，带字操作数的指令存取当前值。

② 计数器 C。

计数器用来累计其计数输入端脉冲电平由低到高的次数。CPU 提供加计数器、减计数器和加减计数器。计数器的结构与定时器基本一样，计数器的当前值为 16 位有符号整数，用来存放累计的脉冲数（1～32 767）。用计数器地址来存取当前值和计数器位，带位操作数的指令存取计数器位，带字操作数的指令存取当前值。

加计数器的功能是每收到一个计数脉冲，计数器的计数增加 1。当计数值大于或等于设定值时，计数器由 OFF 转变为 ON 状态。

减计数器的功能是每收到一个计数脉冲，计数器的计数值减 1。当计数值等于 0 时，计数器由 OFF 转变为 ON 状态。

加减计数器的功能是可以加计数也可以减计数。当加计数时，每收到一个计数脉冲，计数器的计数值加 1。当计数值大于或等于设定值时，计数器由 OFF 转变为 ON 状态。当减计数时，每收到一个计数脉冲，计数器的计数值减 1。当计数值小于设定值时，计数器由 ON 转变为 OFF 状态。

③ 高速计数器 HSC。

高速计数器用来累计比 CPU 的扫描速率更快的事件，计数过程与扫描周期无关。其当前值和设定值为 32 位有符号整数，当前值为只读数据。高速计数器的地址由区域标示符 HC 和高速计数器号组成。S7-200 有 6 个高速计数器，编号为：HSC0、HSC1、HSC2、HSC3、HSC4、HSC5。其中，CPU 221 和 CPU 222 仅有 4 个高速计数器，分别为 HSC0、HSC3、HSC4、HSC5。

④ 累加器 AC。

累加器是可以像存储器那样使用的读/写单元。例如，可以用它向子程序传递参数，或从子程序返回参数，以及用来存放计算的中间值。CPU 提供了 4 个 32 位累加器（AC0~AC3），可以按字节、字和双字来存取累加器中的数据。按字节、字只能存取累加器的低 8 位或低 16 位，双字存取全部的 32 位，存取的数据长度由所用的指令决定。

⑤ 其他元件。

- 状态元件 S。

状态元件是使用步进控制指令编程时的重要元件，通常与步进控制指令 LSCR、SCRT、SCRE 结合使用，以实现顺序功能流程图编程即 SFC 编程，状态元件的数目取决于 CPU 型号。

- 模拟量输入/输出映像寄存器（AI/AQ）。

模拟量信号经 A/D、D/A 转换，在 PLC 外为模拟量，在 PLC 内为数字量。S7-200 的模拟量输入电路是将外部输入的模拟量信号转换成 1 个字长的数字量存入模拟量输入映像寄存器区域，且从偶数号字节进行编址。区域标志符为 AI，在 PLC 内的数字量字长为 16 bit，即 2 Byte，故其地址均以偶数表示。例如，AIW0，AIW2，AIW4，…；AQW0，AQW2，AQW4，…。地址范围：AIW0~AIW30，AQW0~AQW30。这两种寄存器的存取方式不同，模拟量输入寄存器只能进行读取操作，而模拟量输出寄存器只能进行写入操作。

习题与思考题

1. S7-200 系列 PLC 有哪些主要编程元件？如何直接寻址？
2. 什么是间接寻址？如何使用？

任务三　S7-200 PLC 的基本指令

学习目标

（1）了解西门子 S7-200 PLC 基本的逻辑指令和程序控制类指令。
（2）了解西门子 S7-200 PLC 数据类型及元件功能。
（3）了解基本的软件编程原则。

一、任务导入

西门子 S7-200 系列的 PLC 指令有梯形图、语句表、功能块图三种编程语言，而梯形图因简单易学被广泛使用，在西门子 S7-200 的编程软件里，为用户提供了大量的帮助功能，用户也可通过软件查询指令的细节信息。

二、相关知识

（一）位操作指令

位操作类指令，主要是位操作及运算指令，同时也包含与位操作密切相关的定时器和计数器指令等。

1．基本位操作指令

位操作指令是 PLC 常用的基本指令，梯形图指令主要有触点和线圈两大类，触点又分常开触点和常闭触点两种形式；语句表指令有与、或以及输出等逻辑关系，位操作指令能够实现基本的位逻辑运算和控制。

2．逻辑取（装载）及线圈驱动指令 LD/LDN

（1）指令功能。

LD（Load）：常开触点逻辑运算的开始，对应梯形图则为在左侧母线或线路分支点处初始装载一个常开触点。

LDN（load not）：常闭触点逻辑运算的开始（即对操作数的状态取反），对应梯形图则为在左侧母线或线路分支点处初始装载一个常闭触点。

=（OUT）：输出指令，对应梯形图则为线圈驱动。对同一元件只能使用一次。

（2）指令格式如图 4.12 所示。

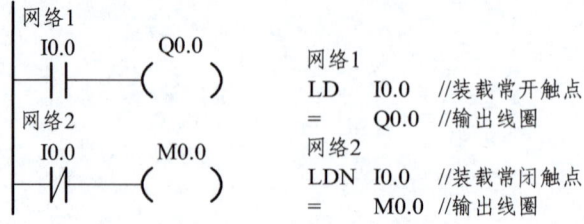

图 4.12　LD/LDN、OUT 指令的使用

（3）指令使用说明。

① 触点代表 CPU 对存储器的读操作，常开触点与存储器的位状态一致，常闭触点与存储器的位状态相反。用户程序中同一触点可使用无数次。如：存储器 I0.0 的状态为 1，则对应的常开触点 I0.0 接通，表示能流可以通过；而对应的常闭触点 I0.0 断开时，表示能流不能通过。存储器 I0.0 的状态为 0，则对应的常开触点 I0.0 断开，表示能流不能通过；而对应的常闭触点 I0.0 接通时，表示能流可以通过。

② 线圈代表 CPU 对存储器的写操作，若线圈左侧的逻辑运算结果为"1"，表示能流能够达到线圈，CPU 将该线圈所对应的存储器的位置为"1"；若线圈左侧的逻辑运算结果为"0"，表示能流不能够达到线圈，CPU 将该线圈所对应的存储器的位写入"0"。在用户程序中，同一线圈只能使用一次。

③ LD/LDN、= 指令使用说明。

● LD/LDN 指令用于与输入公共母线（输入母线）相连的接点，也可与 OLD、ALD 指令配合使用于分支回路的开头。

● = 指令用于 Q、M、SM、T、C、V、S。但不能用于输入映像寄存器 I。输出端不带负载时，控制线圈应尽量使用 M 或其他，而不用 Q。

● = 可以并联使用任意次，但不能串联。

● LD/LDN 的操作数：I、Q、M、SM、T、C、V、S。

● =（OUT）的操作数：Q、M、SM、T、C、V、S。

3. 触点串联指令 A（And）、AN（And Not）

（1）指令功能。

A（And）：与操作，在梯形图中表示串联连接单个常开触点。

AN（And Not）：与非操作，在梯形图中表示串联连接单个常闭触点。

（2）指令格式如图 4.13 所示。

```
网络1                          网络1
I0.0    M0.0    Q0.0           LD   I0.0    //装载常开触点
─┤├────┤├────( )              A    M0.0    //与常开触点
                               =    Q0.0    //输出线圈
网络2                          网络2
Q0.0    I0.1    M0.0           LD   Q0.0    //装载常开触点
─┤├────┤/├────( )             AN   I0.1    //与常闭触点
                               =    M0.0    //输出线圈
        T37     Q0.1           A    T37     //与常开触点
        ─┤├────( )             =    Q0.1    //输出线圈
```

图 4.13　A/AN 指令的使用

（3）A/AN 指令使用说明。

A/AN 是单个触点串联连接指令，可连续使用，如图 4.14 所示。

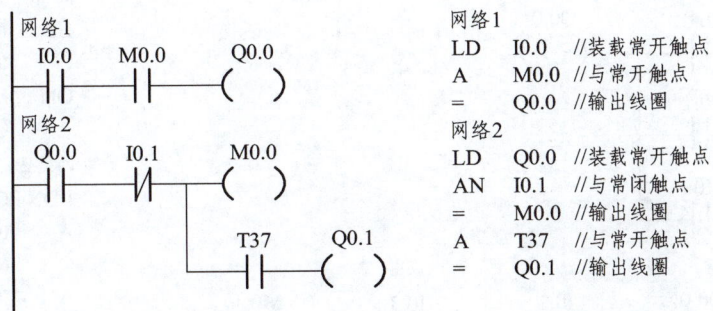

```
网络1                          LD   M0.0
M0.0   T37    T38    Q0.0      A    T37
─┤├───┤├────┤/├────( )        AN   T38
                               =    Q0.0
```

图 4.14　单个触点串联连接

- 若要串联多个接点组合回路时，必须使用 ALD 指令。
- 若按正确次序编程（即输入"左重右轻、上重下轻"；输出"上轻下重"），可以反复使用=指令，如图 4.15 所示。但若按如图 4.16 所示的编程次序，就不能连续使用=指令。
- A/AN 的操作数：I、Q、M、SM、T、C、V、S。

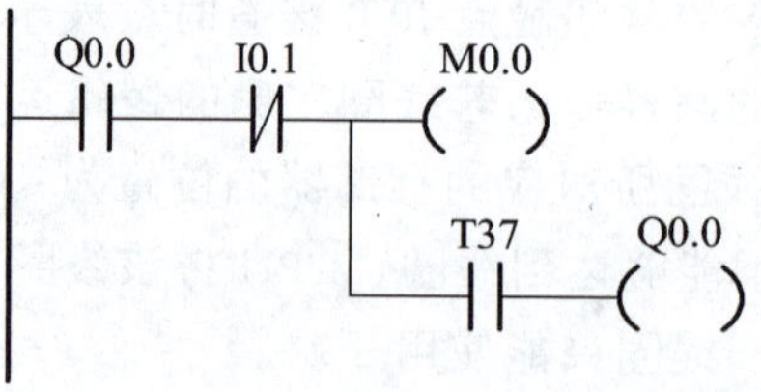

```
    Q0.0   I0.1    M0.0           LD    Q0.0
    ─┤├────┤/├─────( )─           AN    I0.1
                                  =     M0.0
           T37     Q0.0            A    T37
           ─┤├─────( )─            =    Q0.1
```

图 4.15 多个接点串联

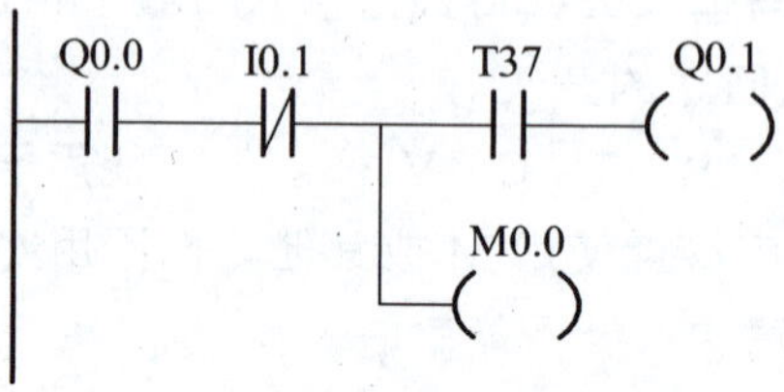

```
    Q0.0   I0.1    T37     Q0.1
    ─┤├────┤/├─────┤├──────( )─
                           M0.0
                           ─( )─
```

图 4.16 多个接点错误串联

4．触点并联指令：O（Or）/ON（Or Not）

（1）指令功能。

O：或操作，在梯形图中表示并联连接一个常开触点。

ON：或非操作，在梯形图中表示并联连接一个常闭触点。

（2）指令格式如图 4.17 所示。

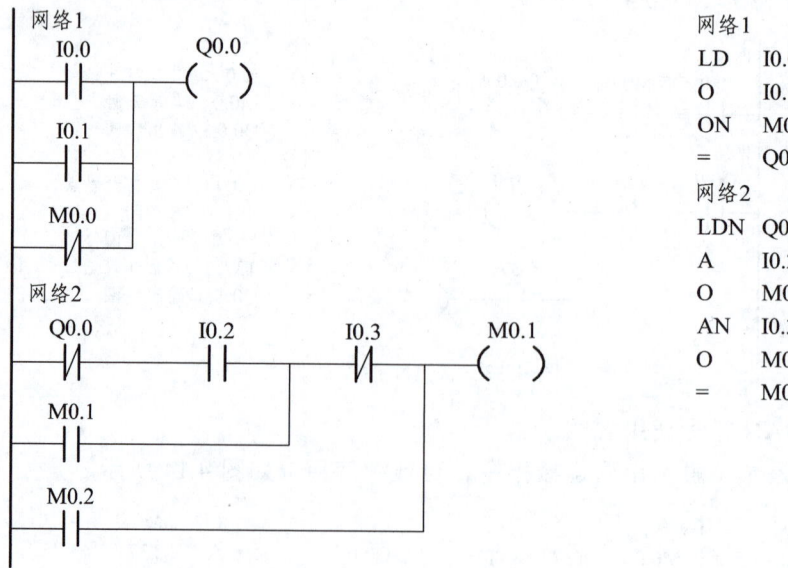

图 4.17 O/ON 指令的使用

（3）O/ON 指令使用说明。

- O/ON 指令可作为并联一个触点指令，紧接在 LD/LDN 指令之后用，即对其前面的 LD/LDN 指令所规定的触点并联一个触点，可以连续使用。
- 若要并联连接两个以上触点的串联回路时，须采用 OLD 指令。
- ON 操作数：I、Q、M、SM、V、S、T、C。

5．电路块的串联指令 ALD

（1）指令功能。

ALD：块"与"操作，用于串联连接多个并联电路组成的电路块。

（2）指令格式如图 4.18 所示。

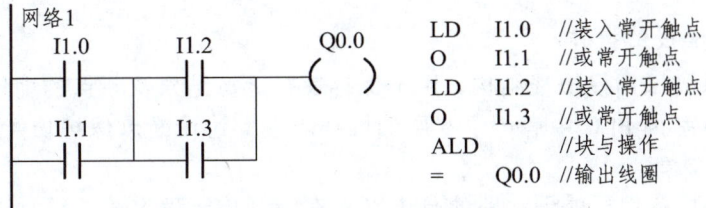

图 4.18　ALD 指令的使用

（3）ALD 指令使用说明。
- 并联电路块与前面电路串联连接时，使用 ALD 指令。分支的起点用 LD/LDN 指令，并联电路结束后使用 ALD 指令与前面电路串联。
- 可以顺次使用 ALD 指令串联多个并联电路块，支路数量没有限制。
- ALD 指令无操作数。

6．电路块的并联指令 OLD

（1）指令功能。

OLD：块"或"操作，用于并联连接多个串联电路组成的电路块。

（2）指令格式如图 4.19 所示。

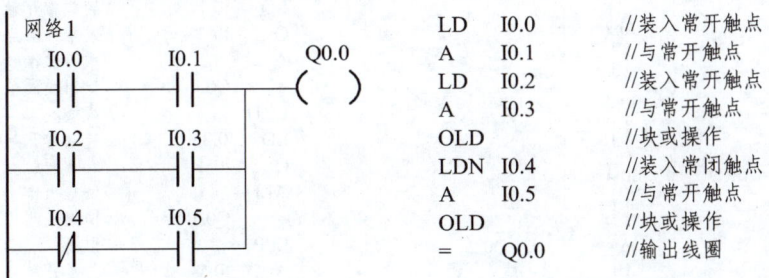

图 4.19　OLD 指令的使用

（3）OLD 指令使用说明。
- 并联连接几个串联支路时，其支路的起点以 LD、LDN 开始，并联结束后用 OLD。
- 可以顺次使用 OLD 指令并联多个串联电路块，支路数量没有限制。
- OLD 指令无操作数。

根据如图 4.20 所示梯形图，写出对应的语句表。

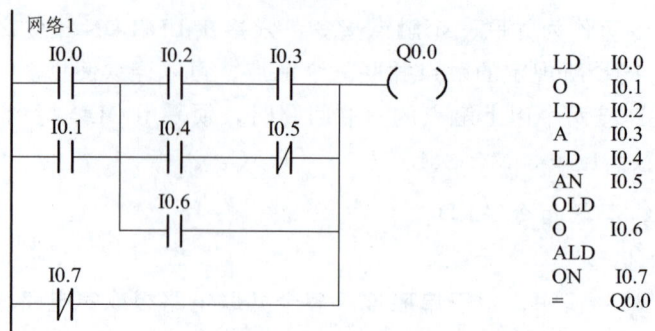

图 4.20　OLD 指令使用

7．逻辑堆栈的操作

S7-200 系列采用模拟栈结构，用于保存逻辑运算结果及断点的地址，称为逻辑堆栈。S7-200 系列 PLC 中有一个 9 层的堆栈。在此讨论断点保护功能的堆栈操作。

（1）指令功能。

堆栈操作指令用于处理线路的分支点。在编制控制程序时，经常遇到多个分支电路同时受一个或一组触点控制的情况，如图 4.21 所示。若采用前述指令不容易编写程序，用堆栈操作指令则可方便地将如图 4.21 所示梯形图转换为语句表。

LPS（入栈）指令：LPS 指令把栈顶值复制后压入堆栈，栈中原来数据依次下移一层，栈底值压出丢失。

LRD（读栈）指令：LRD 指令把逻辑堆栈第二层的值复制到栈顶，2～9 层数据不变，堆栈没有压入和弹出，但原栈顶的值丢失。

LPP（出栈）指令：LPP 指令把堆栈弹出一级，原第二级的值变为新的栈顶值，原栈顶数据从栈内丢失。

（2）指令格式如图 4.21 所示。

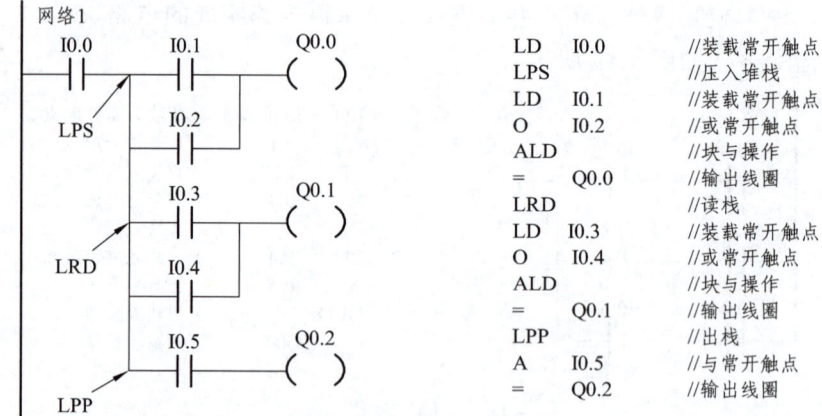

图 4.21　堆栈指令的使用

（3）指令使用说明。

- 逻辑堆栈指令可以嵌套使用，最多为 9 层。
- 为保证程序地址指针不发生错误，入栈指令 LPS 和出栈指令 LPP 必须成对使用，最后一次读栈操作应使用出栈指令 LPP。
- 堆栈指令没有操作数。

8．置位/复位指令 S/R 与取反指令

（1）指令功能。

置位指令 S：使能输入有效后从起始位 S-bit 开始的 N 个位置"1"并保持。

复位指令 R：使能输入有效后从起始位 S-bit 开始的 N 个位清"0"并保持。

（2）指令格式如表 4.6 所示，其用法如图 4.22、4.23 所示。

（3）指令使用说明。

- 对同一元件（同一寄存器的位）可以多次使用 S/R 指令，与=指令不同。
- 由于是扫描工作方式，当置位/复位指令同时有效时，写在后面的指令具有优先权。

表 4.6 S/R 指令格式

STL	LAD
S S-bit，N	S-bit —(S)— N
R S-bit，N	R-bit —(R)— N

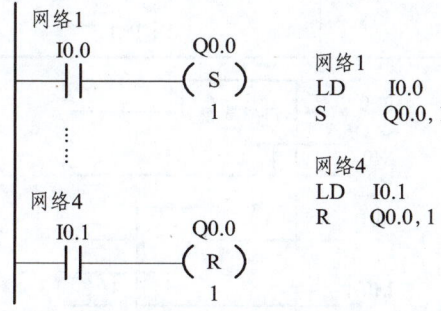

图 4.22 S/R 指令的使用

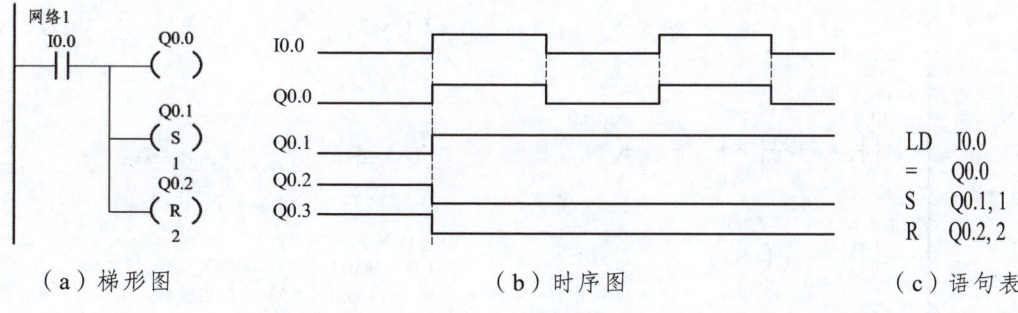

（a）梯形图　　　　（b）时序图　　　　（c）语句表

图 4.23 S/R 指令比较

- 操作数 N 为 VB、IB、QB、MB、SMB、SB、LB、AC、常量、*VD、*AC、*LD。取值范围为 0~255。数据类型为字节。

操作数 S-bit 为 I、Q、M、SM、T、C、V、S、L。数据类型为布尔。

- 置位/复位指令通常成对使用，也可以单独使用或与指令盒配合使用。

对图 4.22、4.23 中的置位、复位指令应用举例及时序分析，如图 4.24 所示。

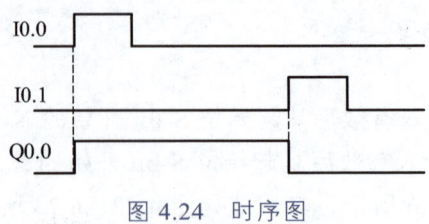

图 4.24 时序图

9. 脉冲生成指令 EU/ED

（1）指令功能。

EU 指令：在 EU 指令前的逻辑运算结果有一个上升沿时（由 OFF→ON），产生一个宽度为一个扫描周期的脉冲，驱动后面的输出线圈。

ED 指令：在 ED 指令前有一个下降沿时，产生一个宽度为一个扫描周期的脉冲，驱动其后线圈。

（2）指令格式如表 4.7 所示，时序分析如图 4.25 所示，其用法如图 4.26 所示。

表 4.7　EU/ED 指令格式

STL	LAD	操作数
EU（Edge Up）	─┤ P ├─	无
ED（Edge Down）	─┤ N ├─	无

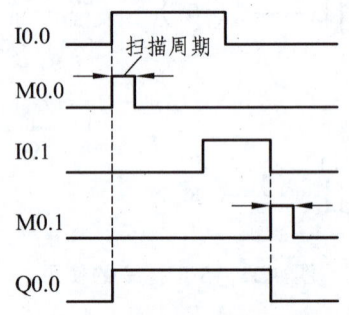

图 4.25　EU/ED 指令时序分析

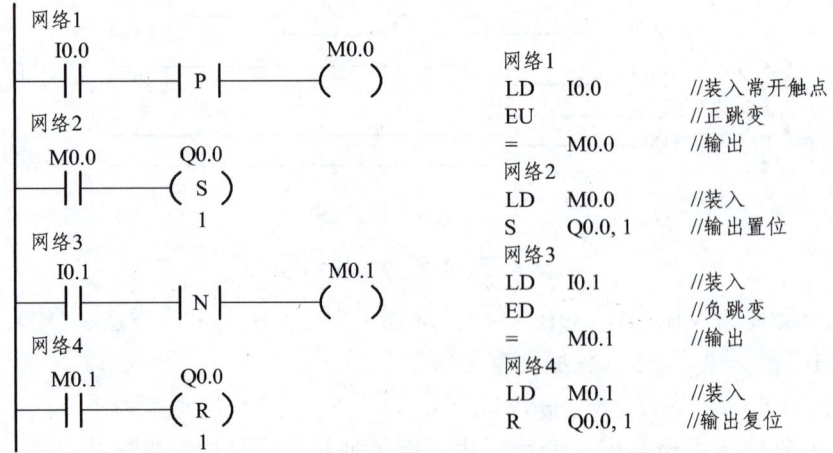

图 4.26　EU/ED 指令的使用

程序及运行结果分析如下：

I0.0 的上升沿，经触点（EU）产生一个扫描周期的时钟脉冲，驱动输出线圈 M0.0 导通一个扫描周期，M0.0 的常开触点闭合一个扫描周期，使输出线圈 Q0.0 置位为 1，并保持。

I0.1 的下降沿，经触点（ED）产生一个扫描周期的时钟脉冲，驱动输出线圈 M0.1 导通一个扫描周期，M0.1 的常开触点闭合一个扫描周期，使输出线圈 Q0.0 复位为 0，并保持。

（3）指令使用说明。

- EU/ED 指令只在输入信号变化时有效，其输出信号的脉冲宽度为一个机器扫描周期。对开机时就为接通状态的输入条件，EU 指令不执行。
- EU/ED 指令无操作数。

10．逻辑取反指令 NOT 与空操作指令 NOP

逻辑取反指令 NOT 与空操作指令 NOP 指令格式如表 4.8 所示。

表 4.8　NOT 与 NOP 指令格式

梯形图 LAD	语句表 STL		功　能
	操作码	操作数	
 ─|NOT|─	NOT	无	对该指令前面的逻辑运算结果取反
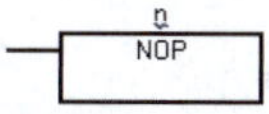 ─[NOP]─	NOP	n	无任何逻辑操作，在程序中留下地址

NOT 取反指令又称取非指令，是将左边电路的逻辑运算结果取反：若左边运算结果是"0"，取反后右边结果就是"1"。该指令没有操作数。

NOP 空操作指令不做任何操作，在程序中留下地址，以便调试程序时插入指令或稍微延长扫描周期长度，不影响用户程序的执行。操作数 n 的取值范围为 0～255。

（二）编程注意事项及编程技巧

1．梯形图语言中的语法规定

（1）程序应按自上而下，从左至右的顺序编写。

（2）同一操作数的输出线圈在一个程序中不能使用两次，不同操作数的输出线圈可以并行输出，如图 4.27 所示。

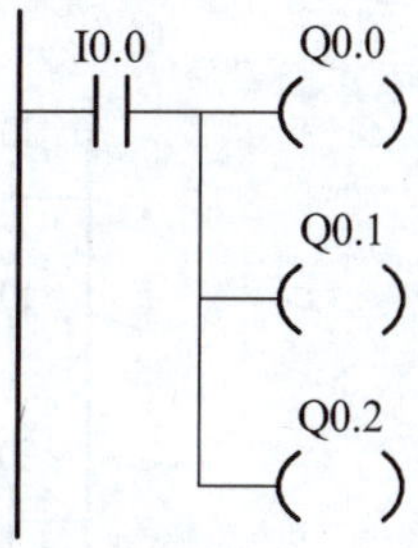

（3）线圈不能直接与左母线相连。如果需要，可以通过特殊内部标志位存储器 SM0.0（该位始终为 1）来连接，如图 4.28 所示。

图 4.27　线圈并行输出

（4）适当安排编程顺序，以减少程序的步数。

① 串联多的支路应尽量放在上部，如图 4.28 所示。

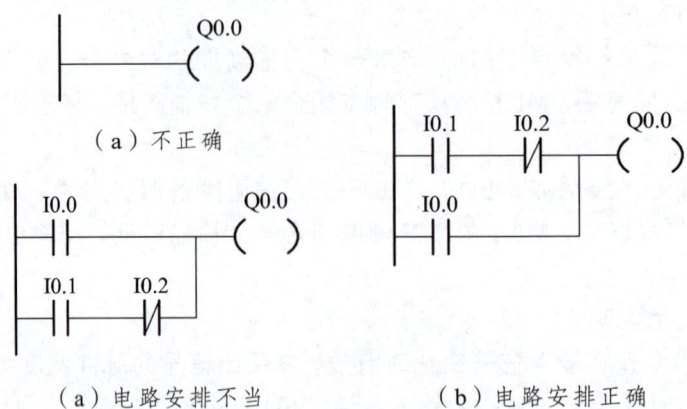

图 4.28 串联多的电路应放在上面

② 并联多的支路应靠近左母线，如图 4.29 所示。

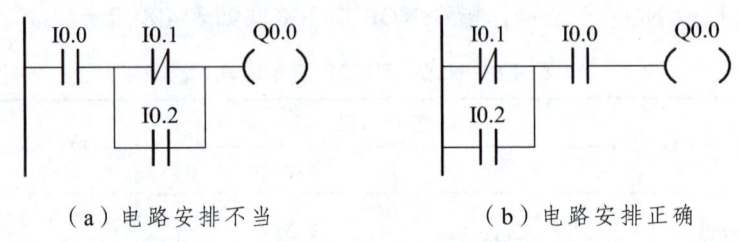

（a）电路安排不当　　　　　　（b）电路安排正确

图 4.29 并联多的电路应靠近左母线

③ 触点不能放在线圈的左边。

④ 对复杂的电路，用 ALD、OLD 等指令难以编程时，可重复使用一些触点画出其等效电路，然后再进行编程，如图 4.30 所示。

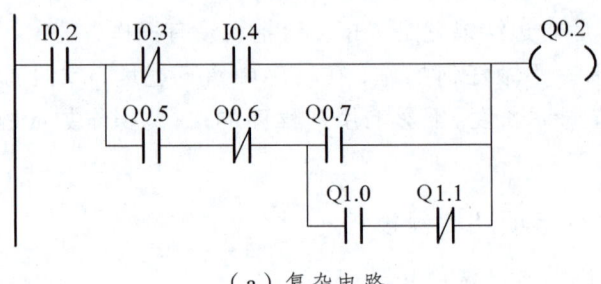

（a）复杂电路

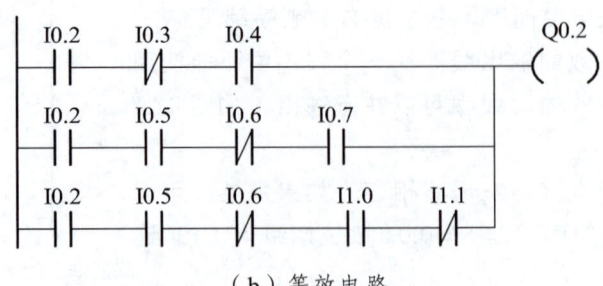

（b）等效电路

图 4.30 复杂的电路和等效电路

2．编程技巧

（1）设置中间单元。

在梯形图中，若多个线圈都受某一触点串并联电路的控制，为简化电路，在梯形图中可设置该电路控制的存储器的位，如图4.31所示，这类似于继电器电路中的中间继电器。

（2）尽量减少可编程控制器的输入信号和输出信号。

可编程控制器的价格与I/O点数有关，因此减少I/O点数是降低硬件费用的主要措施。如果几个输入器件触点的串、并联电路总是作为一个整体出现，可以将它们作为可编程控制器的一个输入信号，只占可编程控制器的一个输入点。如果某器件的触点只用一次并且与PLC输出端的负载串联，则不必将它们作为PLC的输入信号，可以将它们放在PLC外部的输出回路，与外部负载串联。

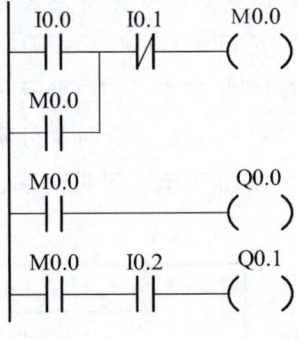

图4.31 设置中间单元

（三）定时器指令

S7-200系列PLC的定时器是对内部时钟累计时间增量计时的。每个定时器均有一个16位的当前值寄存器用以存放当前值（16位符号整数）；一个16位的预置值寄存器用以存放时间的设定值；还有一位状态位，反映其触点的状态。

1．工作方式

S7-200系列PLC定时器按工作方式分为三大类定时器。其指令格式如表4.9所示。

表4.9 定时器的指令格式

LAD	STL	说　明
???? ─┤IN　TON├─ ????─┤PT	TON　T××, PT	TON—通电延时定时器； TONR—记忆型通电延时定时器； TOF—断电延时型定时器； IN是使能输入端，指令盒上方输入定时器的编号（T××），范围为T0~T255； PT是预置值输入端，最大预置值为32 767；PT的数据类型为INT； PT操作数有：IW、QW、MW、SMW、T、C、VW、SW、AC、常数
???? ─┤IN　TONR├─ ????─┤PT	TONR T××, PT	
???? ─┤IN　TOF├─ ????─┤PT	TOF　T××, PT	

2．时　基

定时器按时基脉冲分，则有1 ms、10 ms、100 ms三种定时器。不同的时基标准，定时精度、定时范围和定时器刷新的方式不同。

（1）定时精度和定时范围。

定时器的工作原理是：使能输入有效后，当前值 PT 对 PLC 内部的时基脉冲增 1 计数。当计数值大于或等于定时器的预置值后，状态位置 1。其中，最小计时单位为时基脉冲的宽度，又为定时精度；从定时器输入有效，到状态位输出有效，经过的时间为定时时间，即：定时时间=预置值×时基。当前值寄存器为 16 bit，最大计数值为 32 767，由此可推算不同分辨率的定时器的设定时间范围。CPU 22X 系列 PLC 的 256 个定时器分属 TON（TOF）和 TONR 工作方式，以及 3 种时基标准，如表 4.10 所示。可见时基越大，定时时间越长，但精度越差。

表 4.10　定时器的类型

工作方式	时基（ms）	最大定时范围（s）	定时器号
TONR	1	32.767	T0，T64
	10	327.67	T1-T4，T65-T68
	100	3276.7	T5-T31，T69-T95
TON/TOF	1	32.767	T32，T96
	10	327.67	T33-T36，T97-T100
	100	3 276.7	T37-T63，T101-T255

（2）1 ms、10 ms、100 ms 定时器的刷新方式不同。

1 ms 定时器每隔 1 ms 刷新一次，与扫描周期和程序处理无关，即采用中断刷新方式。因此当扫描周期较长时，在一个周期内可能被多次刷新，其当前值在一个扫描周期内不一定保持一致。

10 ms 定时器则由系统在每个扫描周期开始时自动刷新。由于每个扫描周期内只刷新一次，故而每次程序处理期间，其当前值为常数。

100 ms 定时器则在该定时器指令执行时刷新。下一条执行的指令，即可使用刷新后的结果，非常符合正常的思路，使用方便可靠。但应当注意，如果该定时器的指令不是每个周期都执行，定时器就不能及时刷新，可能导致出错。

3．定时器指令工作原理

下面我们将从原理、应用等方面分别叙述通电延时型、记忆型通电延时型和断电延时型三种定时器的使用方法。

（1）通电延时型定时器（TON）指令工作原理。

程序及时序分析如图 4.32 所示。当 I0.0 接通，即使能端（IN）输入有效时，驱动 T37 开始计时，当前值从 0 开始递增。计时到设定值（PT）时，T37 状态位置 1，其常开触点 T37 接通，驱动 Q0.0 输出，其后当前值仍增加，但不影响状态位，当前值的最大值为 32 767。当 I0.0 分断，即使能端无效时，T37 复位，当前值清零，状态位也清零，即恢复原始状态。若 I0.0 接通时间未到设定值就断开，T37 则立即复位，Q0.0 不会有输出。

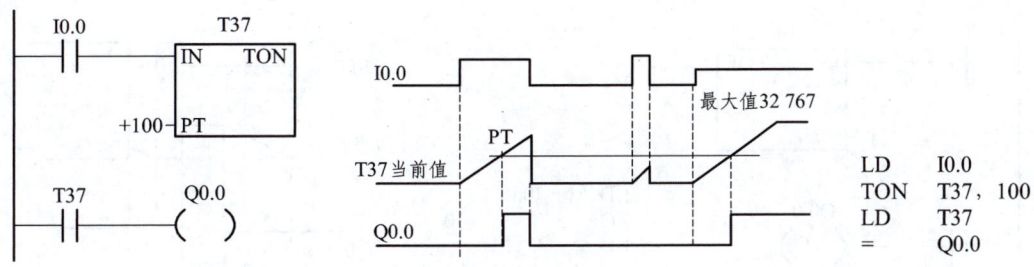

图 4.32 通电延时定时器工作原理分析

（2）记忆型通电延时定时器（TONR）指令工作原理。

使能端（IN）输入有效时（接通），定时器开始计时，当前值递增。当前值大于或等于预置值（PT）时，输出状态位置 1。使能端输入无效（断开）时，当前值保持（记忆），使能端再次接通有效时，在原记忆值的基础上递增计时。

注意：TONR 记忆型通电延时定时器采用线圈复位指令 R 进行复位操作。当复位线圈有效时，定时器当前位清零，输出状态位置 0。

程序及时序分析如图 4.33 所示。如 T3，当输入 IN 为 1 时，定时器计时；当 IN 为 0 时，其当前值保持并不复位。下次 IN 再为 1 时，T3 当前值从原保持值开始往上加，将当前值与设定值 PT 比较，当前值大于等于设定值时，T3 状态位置 1，驱动 Q0.0 有输出；以后即使 IN 再为 0，也不会使 T3 复位，要使 T3 复位，必须使用复位指令。

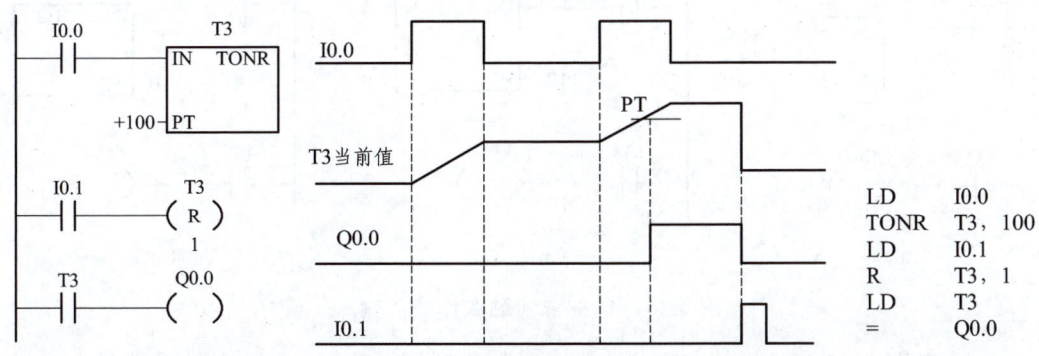

图 4.33 TONR 记忆型通电延时定时器工作原理分析

（3）断电延时型定时器（TOF）指令工作原理。

断电延时型定时器用来输入断开，延时一段时间后，才断开输出。使能端（IN）输入有效时，定时器输出状态位立即置 1，当前值复位为 0。使能端断开时，定时器开始计时，当前值从 0 递增，当前值达到预置值时，定时器状态位复位为 0，并停止计时，当前值保持。如果输入断开的时间小于预定时间，定时器仍保持接通。IN 再接通时，定时器当前值仍设为 0。断电延时型定时器的工作原理如图 4.34 所示。

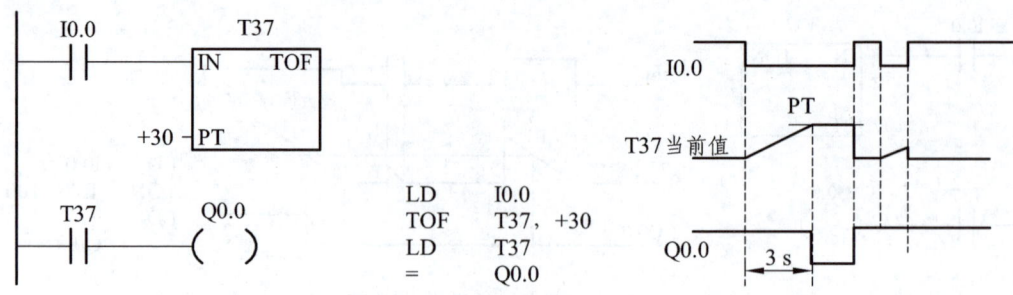

图 4.34　断电延时型定时器（TOF）的工作原理

以上介绍的 3 种定时器具有不同的功能。通电延时型定时器（TON）用于单一间隔的定时；记忆型通电延时定时器（TONR）用于累计时间间隔的定时；断开延时型定时器（TOF）用于故障事件发生后的时间延时。

TOF 和 TON 共享同一组定时器，不能重复使用，即不能把一个定时器同时用作 TOF 和 TON。例如，不能既有 TON　T32，又有 TOF　T32。

4．定时器指令应用

（1）一个机器扫描周期的时钟脉冲发生器。

使用定时器本身的常闭触点作定时器的使能输入的梯形图程序如图 4.35 所示。定时器的状态位置 1 时，依靠本身的常闭触点的断开使定时器复位，并重新开始定时进行循环工作。采用不同时基标准的定时器时，会有不同的运行结果，具体分析如下：

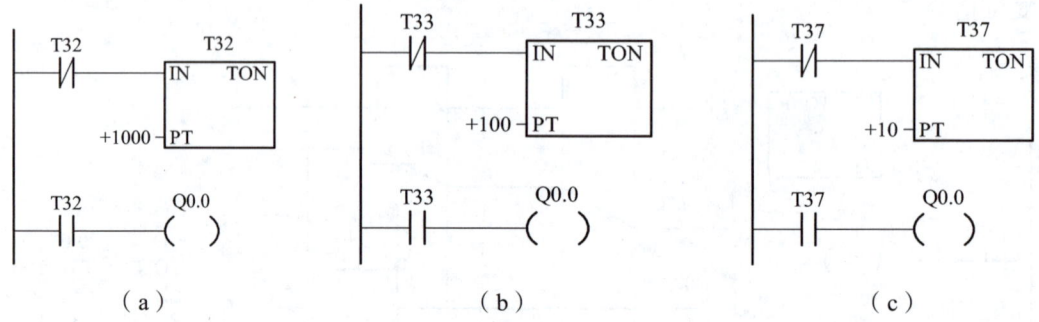

图 4.35　自身常闭触点作使能输入

① 在图 4.35（a）中，T32 为 1 ms 时基定时器，每隔 1 ms 定时器刷新一次当前值。CPU 当前值若恰好在处理常闭触点和常开触点之间被刷新，Q0.0 可以接通一个扫描周期，但这种情况出现的机率很小，一般情况下，不会正好在这时刷新。若在执行其他指令时，定时时间到，1 ms 的定时刷新，使定时器输出状态位置位，常闭触点打开，当前值复位，定时器输出状态位立即复位，所以输出线圈 Q0.0 一般不会通电。

② 若将图中 4.35(a)的定时器 T32 换成 T33（见图 4.35(b)），时基变为 10 ms，当前值在每个扫描周期开始刷新，计时时间到时，扫描周期开始时，定时器输出状态位置位，常闭触点断开，立即将定时器当前值清零，定时器输出状态位复位（为 0），这样输出线圈 Q0.0 永远不可能通电。

③ 若用时基为 100 ms 的定时器,如 T37(见图 4.35 (c)),当前指令执行时刷新,Q0.0 在 T37 计时时间到时准确地接通一个扫描周期,可以输出一个断开为延时时间,接通为一个扫描周期的时钟脉冲。

④ 若将输出线圈的常闭触点作为定时器的使能输入,如图 4.36 所示,则无论何种时基都能正常工作。

(2) 延时断开电路。

如图 4.37 所示,I0.0 为一个输入信号,当 I0.0 接通时,Q0.0 接通并保持。当 I0.0 断开后,经 4s 延时后,Q0.0 断开。T37 同时被复位。

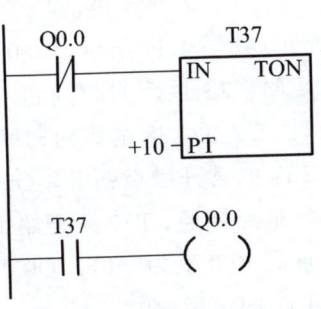

图 4.36 自身常闭触点作使能输入

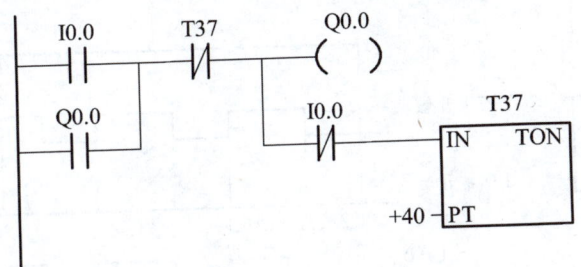

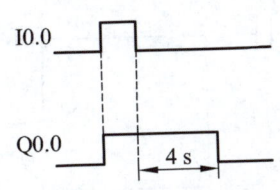

图 4.37 延时断开电路

(3) 延时接通和断开电路。

如图 4.38 所示,电路用 I0.0 控制 Q0.1,I0.0 的常开触点接通后,T37 开始定时。9 s 后 T37 的常开触点接通,使 Q0.1 变为 ON,I0.0 为 ON 时,其常闭触点断开,使 T38 复位。I0.0 变为 OFF 后,T38 开始定时。7 s 后 T38 的常闭触点断开,使 Q0.1 变为 OFF,T38 亦被复位。

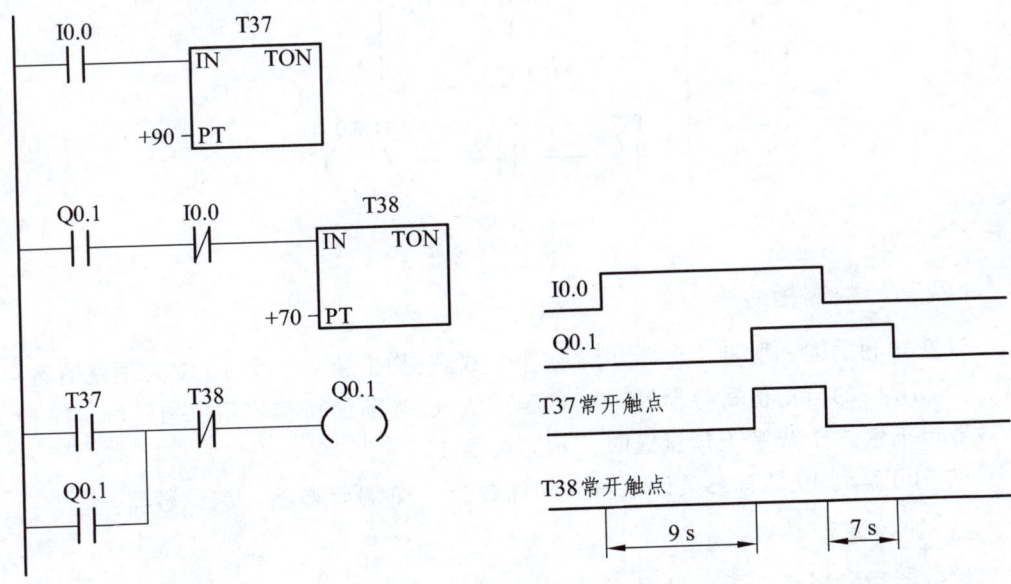

图 4.38 延时接通、断开电路

（4）闪烁电路。

如图 4.39 所示，I0.0 的常开触点接通后，T37 的 IN 输入端为 1 状态，T37 开始定时。2 s 后定时时间到，T37 的常开触点接通，使 Q0.0 变为 ON，同时 T38 开始计时。3 s 后 T38 的定时时间到，它的常闭触点断开，使 T37 的 IN 输入端变为 0 状态，T37 的常开触点断开，Q0.0 变为 OFF。同时使 T38 的 IN 输入端变为 0 状态，其常闭触点接通，T37 又开始定时。以后 Q0.0 的线圈将这样周期性地"通电"和"断电"，直到 I0.0 变为 OFF，Q0.0 线圈"通电"时间等于 T38 的设定值，"断电"时间等于 T37 的设定值。

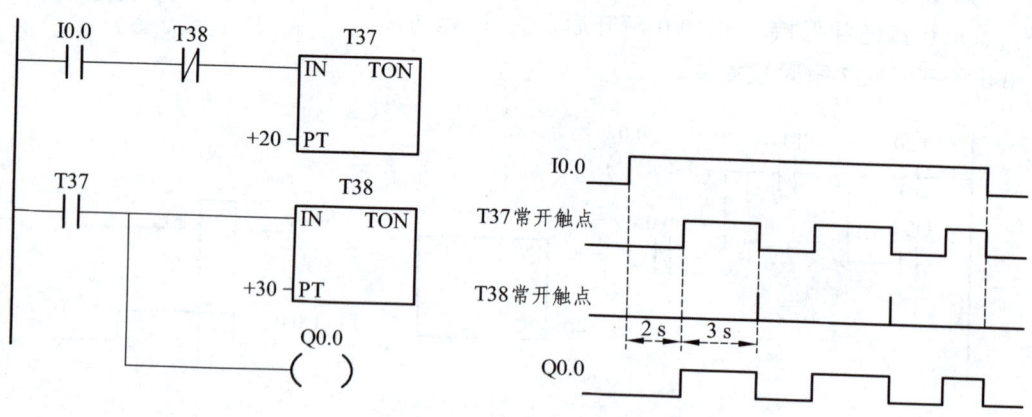

图 4.39　闪烁电路

用接在 I0.0 输入端的光电开关检测传送带上通过的产品，有产品通过时 I0.0 为 ON。如果在 10 s 内没有产品通过，由 Q0.0 发出报警信号，用 I0.1 输入端外接的开关解除报警信号。对应的梯形图如图 4.40 所示。

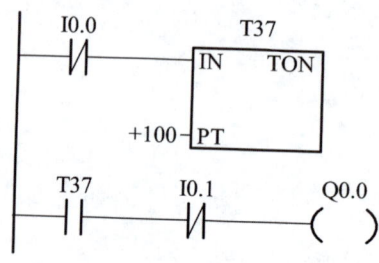

图 4.40　梯形图

（四）计数器指令

计数器利用输入脉冲上升沿累计脉冲个数。结构主要由一个 16 位的预置值寄存器、一个 16 位的当前值寄存器和一位状态位组成。当前值寄存器用以累计脉冲个数，计数器当前值大于或等于预置值时，状态位置 1。

S7-200 系列 PLC 有三类计数器：加计数器、加/减计数器、减计数器。

1. 计数器指令格式

计数器指令格式如表 4.11 所示。

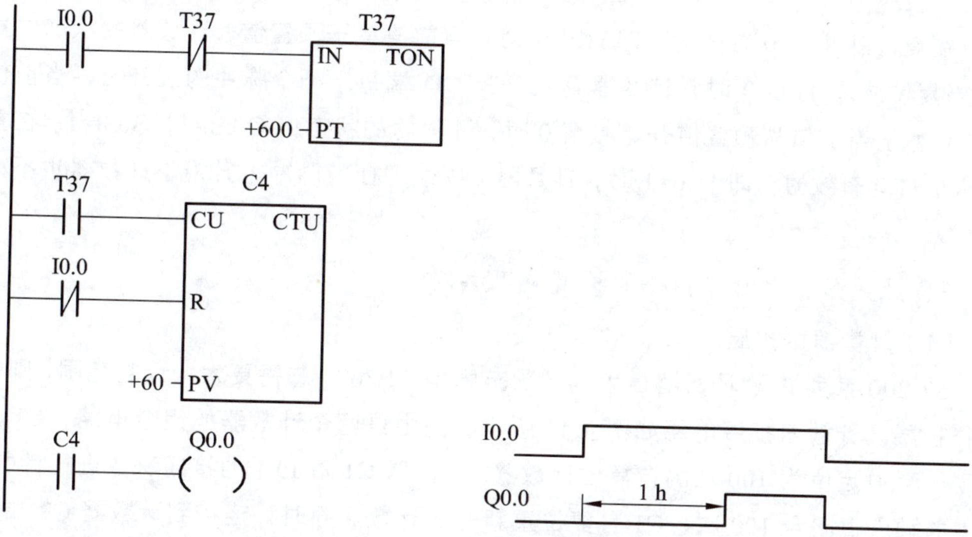

图 4.44 定时器的扩展

I0.0 为 ON 时，其常开触点接通，T37 开始定时。60 s 后 T37 定时时间到，其当前值等于设定值，它的常闭触点断开，使它自己复位。复位后 T37 的当前值变为 0，同时它的常闭触点接通，使它自己的线圈重新"通电"又开始定时。T37 将这样周而复始地工作，直到 I0.0 变为 OFF。

T37 产生的脉冲送给 C4 计数器，记满 60 个数（即 1 h）后，C4 当前值等于设定值 60，它的常开触点闭合。设 T37 和 C4 的设定值分别为 KT 和 KC，则对于 100 ms 定时器，总的定时时间为：$T = 0.1 K_T K_C$（s）。

（3）自动声光报警操作程序。

自动声光报警操作程序用于当电动单梁起重机加载到 1.1 倍额定负荷并反复运行 1 h 后，发出声光信号并停止运行，程序如图 4.45 所示。当系统处于自动工作方式时，I0.0 触点为闭合状态，定时器 T50 每 60 s 发出一个脉冲信号作为计数器 C1 的计数输入信号。当计数值达 60，即 1 h 后，C1 常开触点闭合，Q0.0、Q0.7 线圈同时得电，指示灯发光且电铃作响。此时 C1 另一常开触点接通定时器 T51 线圈，10 s 后 T51 常闭触点断开 Q0.7 线圈，电铃音响消失，指示灯持续发光直至再一次重新开始运行。

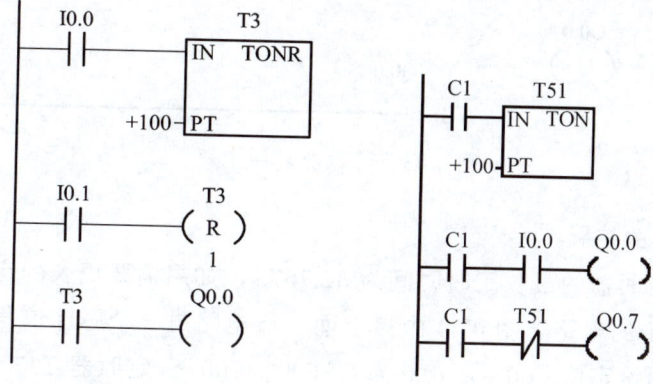

图 4.45 自动声光报警

在复位脉冲 I1.0 有效时,即 I1.0=1 时,当前值等于预置值,计数器的状态位置 0;当复位脉冲 I1.0=0 时,计数器有效,在 CD 端每来一个脉冲的上升沿,当前值减 1 计数。当前值从预置值开始减至 0 时,计数器的状态位 C-bit=1,Q0.0=1。在复位脉冲 I1.0 有效时,即 I1.0=1 时,计数器 CD 端即使有脉冲上升沿,计数器也不减 1 计数。

3. 计数器、定时器指令的扩展应用举例

(1)计数器的扩展。

S7-200 系列 PLC 计数器最大的计数范围是 32 767,若需更大的计数范围,则需进行扩展。计数器扩展电路如图 4.43 所示。图中是两个计数器的组合电路,C1 形成了一个设定值为 100 次的自复位计数器。计数器 C1 对 I0.1 的接通次数进行计数,I0.1 的触点每闭合 100 次,C1 自复位重新开始计数。同时,连接到计数器 C2 端的 C1 常开触点闭合,使 C2 计数一次。当 C2 计数到 2 000 次时,I0.1 共接通 100×2 000 次 = 200 000 次,C2 的常开触点闭合,线圈 Q0.0 通电。该电路的计数值为两个计数器设定值的乘积,$C_总 = C1 \times C2$。

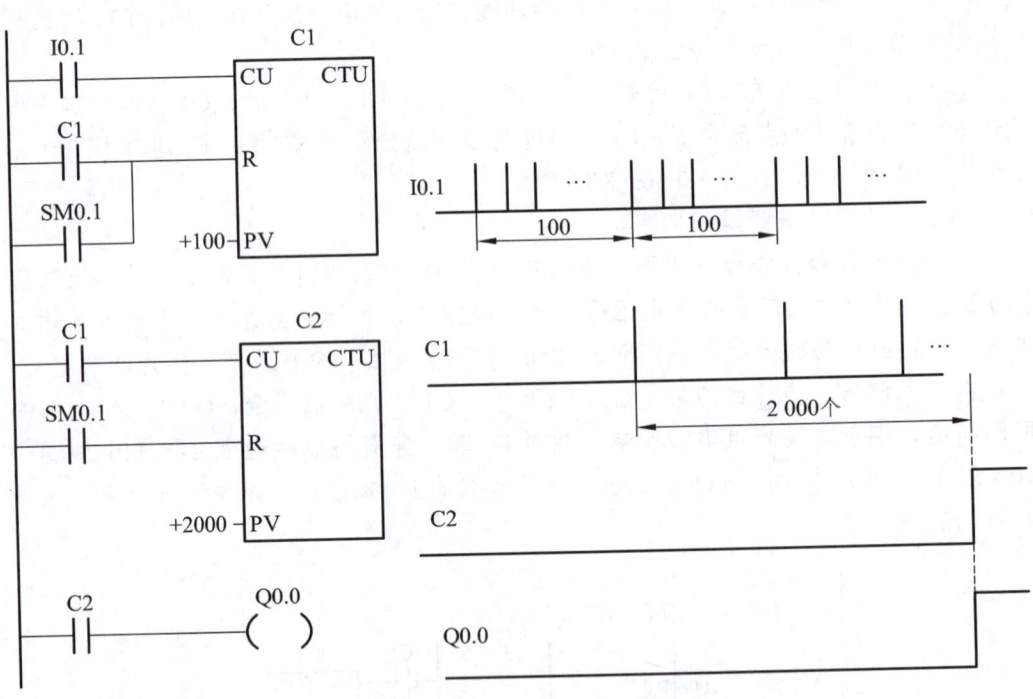

图 4.43 计数器扩展电路

(2)定时器的扩展。

S7-200 的定时器的最长定时时间为 32 767 s,如果需要更长的定时时间,可使用如图 4.44 所示的电路。图 4.44 中最上面一行电路是一个脉冲信号发生器,脉冲周期等于 T37 的设定值(60 s)。I0.0 为 OFF 时,100 ms 定时器 T37 和计数器 C4 处于复位状态,它们不能工作。

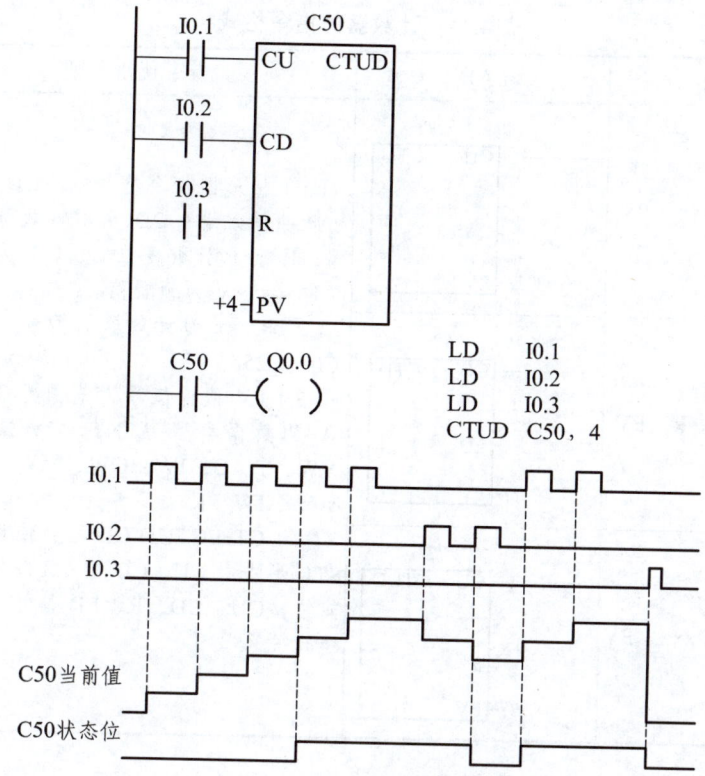

图 4.41 加/减计数器应用示例

减计数器指令应用示例,程序及运行时序如图 4.42 所示。

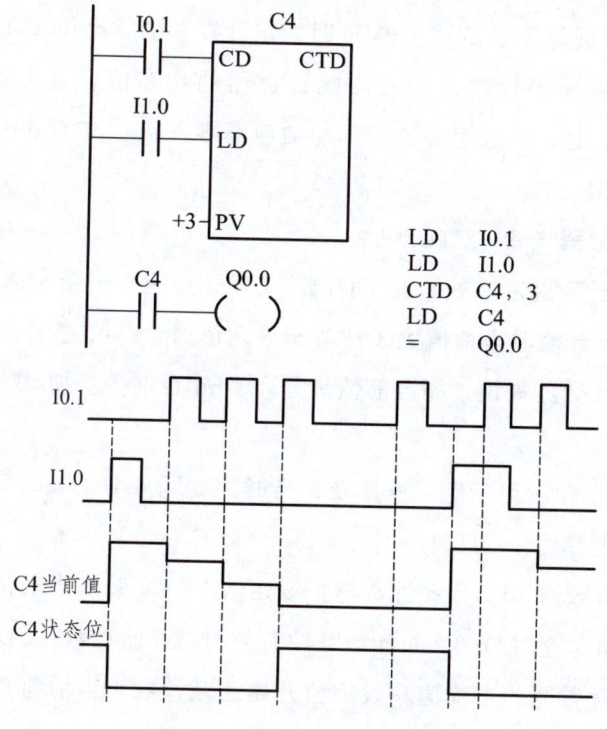

图 4.42 减计数器应用示例

表 4.11　计数器的指令格式

STL	LAD	指令使用说明
CTU　Cxxx, PV	???? CU　CTU R ????-PV	（1）梯形图指令符号中，CU 为加计数脉冲输入端；CD 为减计数脉冲输入端；R 为加计数复位端；LD 为减计数复位端；PV 为预置值。 （2）Cxxx 为计数器的编号，范围为 C0～C255。 （3）PV 预置值最大范围为 32 767；PV 的数据类型为 INT；PV 操作数为 VW、T、C、IW、QW、MW、SMW、AC、AIW、K。 （4）CTU/CTUD/CD 指令使用要点：STL 形式中 CU、CD、R、LD 的顺序不能错；CU、CD、R、LD 信号可为复杂逻辑关系
CTD　Cxxx, PV	???? CD　CTD LD ????-PV	
CTUD　Cxxx, PV	???? CU　CTUD CD R ????-PV	

2．计数器工作原理分析

（1）加计数器指令（CTU）。

当 R=0 时，计数脉冲有效；当 CU 端有上升沿输入时，计数器当前值加 1。当计数器当前值大于或等于设定值（PV）时，该计数器的状态位 C-bit 置 1，即其常开触点闭合。计数器仍计数，但不影响计数器的状态位，直至计数达到最大值（32 767）。当 R=1 时，计数器复位，即当前值清零，状态位 C-bit 也清零。加计数器计数范围：0～32 767。

（2）加/减计数器指令（CTUD）。

当 R=0 时，计数脉冲有效；当 CU 端（CD 端）有上升沿输入时，计数器当前值加 1（减 1）。当计数器当前值大于或等于设定值时，C-bit 置 1，即其常开触点闭合。当 R=1 时，计数器复位，即当前值清零，C-bit 也清零。加/减计数器计数范围：-32 768～32 767。

加/减计数器指令应用示例，程序及运行时序如图 4.41 所示。

（3）减计数器指令（CTD）。

当复位 LD 有效时，LD=1，计数器把设定值（PV）装入当前值存储器，计数器状态位复位（置 0）。当 LD=0，即计数脉冲有效时，开始计数，CD 端每来一个输入脉冲上升沿，减计数器的当前值从设定值开始递减计数；当前值等于 0 时，计数器状态位置位（置 1），停止计数。

（五）S7-200 系列 PLC 的移位指令

1. 左移和右移指令

左移或右移指令的功能是将输入数据 IN 左移或右移 N 位后,把结果送到 OUT。

左移或右移指令的特点如下:

① 被移位的数据是无符号的。

② 在移位时,存放被移位数据的编程元件的移出端与特殊继电器 SM1.1 连接,移出位进入 SM1.1（溢出）,另一端自动补 0。

③ 移位次数 N 与移位数据的长度有关。如 N 小于实际的数据长度,则执行 N 次移位;如 N 大于数据长度,则执行移位的次数等于实际数据长度的位数。

④ 移位次数 N 为字节型数据。

左移和右移指令影响的特殊继电器:SM1.0（0）,当移位操作结果为 0 时,SM1.0 自动置位;SM1.1（溢出）的状态由每次移出位的状态决定。

（1）字节左移指令 SLB（Shift Left Byte）和字节右移指令 SRB（Shift Right Byte）。

在梯形图中,字节左移指令或字节右移指令以功能框的形式编程,指令名称分别为 SHL_B 和 SHR_B,其梯形图如图 4.46 所示。

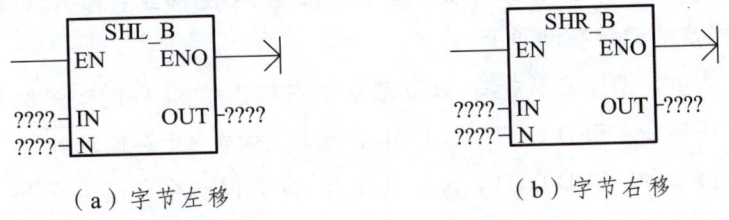

（a）字节左移　　　　　　　　（b）字节右移

图 4.46　字节左移、右移指令梯形图

当允许输入 EN 有效时,将字节型输入数据 IN 左移或右移 N 位（N≤8）后,送到 OUT 指定的字节存储单元。

在语句表中,字节左移指令 SLB 或字节右移指令 SRB 的指令格式如下:

字节左移指令:SLB OUT,N（OUT 与 IN 为同一个存储单元）

字节右移指令:SRB OUT,N（OUT 与 IN 为同一个存储单元）

（2）字左移指令 SLW（Shift Left Word）和字右移指令 SRW（Shift Right Word）。

在梯形图中,字左移指令 SLW 或字右移指令 SRW 以功能框的形式编程,指令的名称分别为 SHL_W 和 SHR_W,其梯形图如图 4.47 所示。

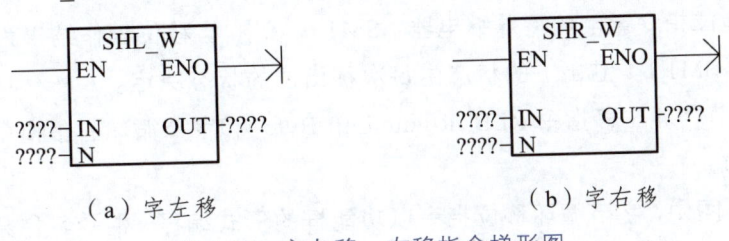

（a）字左移　　　　　　　　（b）字右移

图 4.47　字左移、右移指令梯形图

当允许输入 EN 有效时，将字型输入数据 IN 左移或右移 N 位（N≤16）后，送到 OUT 指定的字存储单元。

在语句表中，字左移指令 SLW 或字右移指令 SRW 的指令格式如下：

字左移指令：SLW OUT，N（OUT 与 IN 为同一个存储单元）

字右移指令：SRW OUT，N（OUT 与 IN 为同一个存储单元）

（3）双字左移指令 SLD（Shift Left Double word）和双字右移指令 SRD（Shift Right Double word）。

在梯形图中，双字左移指令 SLD 或双字右移指令 SRD 以功能框的形式编程，指令名称分别为 SHL_DW 和 SHL_DW，其梯形图如图 4.48 所示。

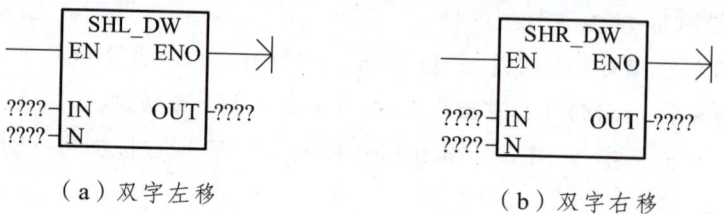

（a）双字左移　　　　　　　　（b）双字右移

图 4.48　双字左移、右移指令梯形图

当允许输入 EN 有效时，将双字型输入数据 IN 左移或右移 N 位（N≤32）后，送到 OUT 指定的双字存储单元。

在语句表中，双字左移指令 SLD 或双字右移指令 SRD 的指令格式如下：

双字左移指令：SLD OUT，N（OUT 与 IN 为同一个存储单元）

双字右移指令：SRD OUT，N（OUT 与 IN 为同一个存储单元）

2．循环左移和循环右移指令

循环移位的特点：

① 被移位的数据是无符号的。

② 在移位时，存放被移位数据的编程元件的移出端既与另一端连接，又与特殊继电器 SM1.1 连接，移出位在被移到另一端的同时，也进入 SM1.1（溢出），另一端自动补 0。

③ 移位次数 N 与移位数据的长度有关。如 N 小于实际的数据长度，则执行 N 次移位；如 N 大于数据长度，则执行移位的次数为 N 除以实际数据长度的余数。

④ 移位次数 N 为字节型数据。

循环移位指令影响的特殊继电器：SM1.0（0），当移位操作结果为 0 时，SM1.0 自动置位；SM1.1（溢出）的状态由每次移出位的状态决定。

（1）字节循环左移指令 RLB（Rotate Left Byte）和字节循环右移指令 RRB（Rotate Right Byte）。

在梯形图中，字节循环移位指令以功能框的形式编程，指令名称分别为 ROL_B 和 ROR_B，其梯形图如图 4.49 所示。

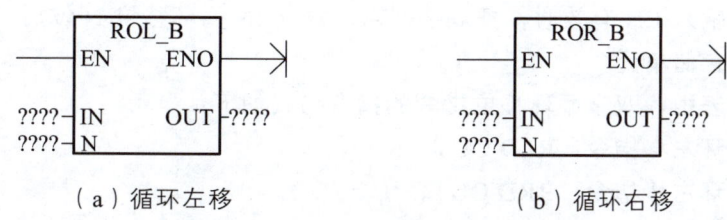

（a）循环左移　　　　　　　（b）循环右移

图 4.49　字节循环移位指令梯形图

当允许输入 EN 有效时，把字节型输入数据 IN 循环移位 N 位后，送到由 OUT 指定的字节存储单元。

在语句表中，字节循环移位指令的指令格式如下：

字节循环左移指令：RLB OUT，N

字节循环右移指令：RRB OUT，N

（2）字循环左移指令 RLW（Rotate Left Word）和字循环右移指令 RRW（Rotate Right Word）。

在梯形图中，字循环移位指令以功能框的形式编程，指令名称分别为 ROL_W 和 ROR_W，其梯形图如图 4.50 所示。

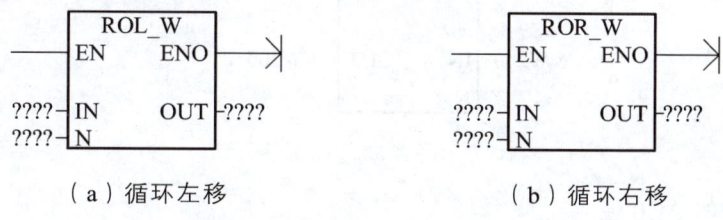

（a）循环左移　　　　　　　（b）循环右移

图 4.50　字循环移位指令梯形图

当允许输入 EN 有效时，把字型输入数据 IN 循环移位 N 位后，送到由 OUT 指定的字存储单元。

在语句表中，字循环移位指令的指令格式如下：

字循环左移指令：RLW OUT，N

字循环右移指令：RRW OUT，N

（3）双字循环左移指令 RLD（Rotate Left Double word）和双字循环右移指令 RRD（Rotate Right Double word）。

在梯形图中，双字循环移位指令以功能框的形式编程，指令名称分别为 ROL_DW 和 ROR_DW，其梯形图如图 4.51 所示。

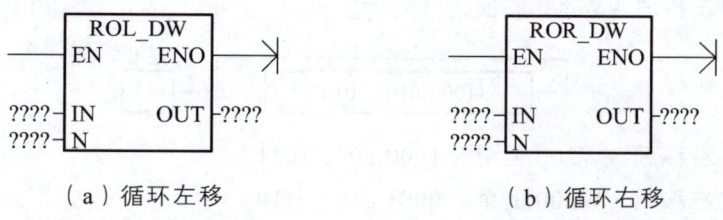

（a）循环左移　　　　　　　（b）循环右移

图 4.51　双字循环移位指令梯形图

当允许输入 EN 有效时，把双字型输入数据 IN 循环移位 N 位后，送到由 OUT 指定的双字存储单元。

在语句表中，双字循环移位指令的指令格式如下：

双字循环左移指令：RLD OUT，N

双字循环右移指令：RRD OUT，N

如图 4.52 所示梯形图，设 AC0 = 0100 0000 0000 0001、VW200 = 1110 0010 1010 1101，则执行梯形图程序以后，观察 AC0、VW200 和 SM1.0 和 SM1.1 中的数值如何变化。

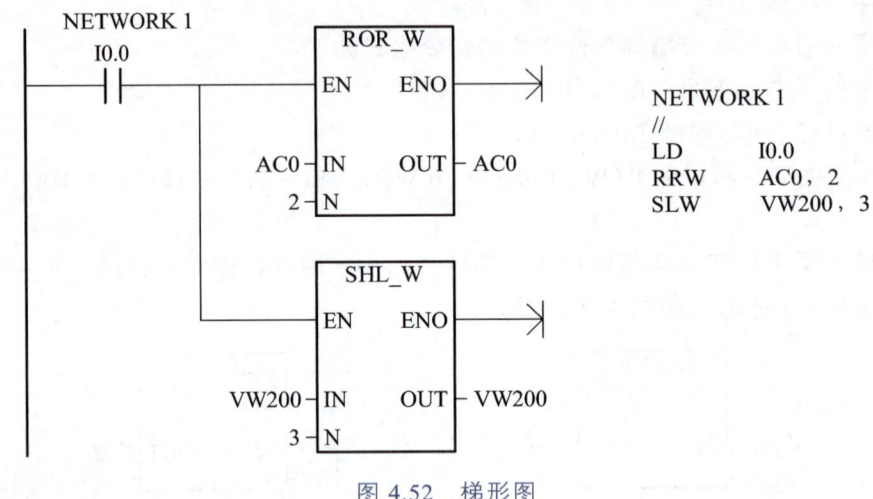

图 4.52　梯形图

循环前的 AC0 值：

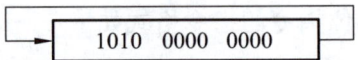

第一次循环后的 AC0 值：

0100 0000 0001

1010 0000 0000

第二次循环后的 AC0 值：0101 0000 0000

完成循环移位后，SM1.0=0，SM1.1=0

移位前 VW200 的值：

1110 0010 1010

第一次左移后 VW200 的值：

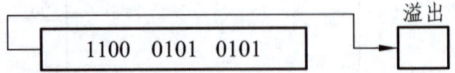

1100 0101 0101　　溢出

第二次左移后 VW200 的值：1000 1010 1011。

第三次左移后 VW200 的值：0001 0101 0110。

完成移位后，SM1.0=0，SM1.1=1。

一般地，这种指令用在流水控制中。

3．移位寄存器指令 SHRB（Shift Register Bit）

在梯形图中，移位寄存器以功能框的形式编程，指令名称为 SHRB。它有 3 个数据输入端，分别为 DATA、S_BIT 和 N。移位寄存器指令梯形图如图 4.53 所示。

DATA 为移位寄存器的数据输入端；

S_BIT 为组成移位寄存器的最低位；

N 为移位寄存器的长度。

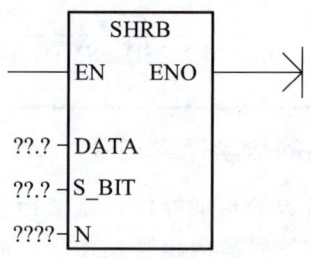

图 4.53　移位寄存器梯形图

移位寄存器指令简述如下：

- 移位寄存器的组成：V33.4～V33.7，V34.0～V34.7，V35.0，V35.1，共 14 位。
- N＞0 时，为正向移位，即从最低位向最高位移位。
- N＜0 时，为反向移位，即从最高位向最低位移位。
- 移位寄存器指令的功能：当允许输入端 EN 有效时，如果 N＞0，则在每个 EN 的前沿，将数据输入 DATA 的状态移入移位寄存器的最低位 S_BIT；如果 N＜0，则在每个 EN 的前沿，将数据输入 DATA 的状态移入移位寄存器的最高位，移位寄存器的其他位按照 N 指定的方向（正向或反向），依次串行移位。
- 移位寄存器的移出端与 SM1.1（溢出）连接。

移位寄存器指令影响的特殊继电器：SM1.0(0)，当移位操作结果为 0 时，SM1.0 自动置位；SM1.1（溢出）的状态由每次移出位的状态决定。

4．S7-200 系列 PLC 的比较指令

比较指令用于两个相同数据类型的有符号数或无符号数 IN1 和 IN2 的比较判断操作。

比较运算符有：等于（=）、大于等于（>=）、小于等于（<=）、大于（>）、小于（<）、不等于（<>）。

在梯形图中，比较指令是以动合触点的形式编程的，在动合触点的中间注明比较参数和比较运算符。当比较的结果为真时，该动合触点闭合。

在功能块图中，比较指令以功能框的形式编程，即当比较的两个数满足比较条件时，则此比较指令接通，其原理与触点类似。这种比较指令比较直观，使用时也较为方便。

比较指令的类型有：字节（BYTE）比较、整数（INT）比较、双字整数（DINT）比较和实数（REAL）比较。

操作数 IN1 和 IN2 的寻址范围如表 4.12 所示。

表 4.12　比较指令 IN1 和 IN2 的寻址范围

操作数	类型	寻址范围
IN1	BYTE	VB、IB、QB、MB、SB、SMB、LB、AC、*VD、*AC、*LD 和常数
IN2	INT	VW、IW、QW、MW、SW、SMW、LW、AIW、T、C、AC、*VD、*AC、*LD 和常数
	DINT	VD、ID、QD、MD、SD、SMD、LD、HC、AC、*VD、*AC、*LD 和常数
	REAL	VD、ID、QD、MD、SD、SMD、LD、AC、*VD、*AC、*LD 和常数

（六）S7-200 系列 PLC 的数学运算指令

加法指令实现两个有符号数的相加操作；减法指令实现两个有符号数的相减操作；一般乘法指令实现两个有符号数的相乘操作；一般除法指令实现两个有符号数的相除操作（不保留余数）。由于操作数的不同，分别可以实现整数的加、减、乘、除，双整数的加、减、乘、除和实数加、减、乘、除。在利用加、减、乘、除指令进行运算时，如果是整数的四则指令运算，则进行运算的两操作数必须都是整数，其结果也将是整数；如果是双整数或实数的运算也一样，参与运算的两操作数也必须都是双整数或实数，运算结果也将是双整数或实数。

1．加、减法指令

整数加法（ADD-I）和减法（SUB-I）指令：使能输入有效时，将两个 16 位符号整数相加或相减，并产生一个 16 位的结果输出到 OUT。

双整数加法（ADD-D）和减法（SUB-D）指令是：使能输入有效时，将两个 32 位符号整数相加或相减，并产生一个 32 位的结果输出到 OUT。

整数与双整数加、减法指令格式如表 4.13 所示。

表 4.13　整数与双整数加减法指令格式

	ADD_I	SUB_I	ADD_DI	SUB_DI
LAD	EN ENO IN1 OUT IN2	EN ENO IN1 OUT IN2	EN ENO IN1 OUT IN2	EN ENO IN1 OUT IN2
STL	MOVW IN1, OUT +I IN2, OUT	MOVW IN1, OUT -I IN2, OUT	MOVD IN1, OUT +D IN2, OUT	MOVD IN1, OUT +D IN2, OUT
功能	IN1+IN2=OUT	IN1－IN2=OUT	IN1+IN2=OUT	IN1－IN2=OUT
操作数及数据类型	IN1/IN2：VW、IW、QW、MW、SW、SMW、T、C、AC、LW、AIW、常量、*VD、*LD、*AC OUT：VW、IW、QW、MW、SW、SMW、T、C、LW、AC、*VD、*LD、*AC IN/OUT 数据类型：整数		IN1/IN2：VD、ID、QD、MD、SMD、SD、LD、AC、HC、常量、*VD、*LD、*AC OUT：VD、ID、QD、MD、SMD、SD、LD、AC、*VD、*LD、*AC IN/OUT 数据类型：双整数	
ENO=0 的错误条件	0006　间接地址，SM4.3　运行时间，SM1.1　溢出			

说明：

当 IN1、IN2 和 OUT 操作数的地址不同时，在 STL 指令中，首先用数据传送指令将 IN1 中的数值送入 OUT，然后再执行加、减运算。即：OUT+IN2=OUT、OUT－IN2=OUT。为了节省内存，在整数加法的梯形图指令中，可以指定 IN1 或 IN2=OUT，这样就可以不用数据传送指令。如指定 IN1=OUT，则语句表指令：+I IN2，OUT；如指定 IN2=OUT，则语句表指令：+I IN1，OUT。在整数减法的梯形图指令中，可以指定 IN1=OUT，则语句表指令：－I IN2，OUT。这个原则适用于所有的算术运算指令，且乘法和加法对应，减法和除法对应。

整数与双整数加减法指令影响算术标志位 SM1.0（零标志位）、SM1.1（溢出标志位）和 SM1.2（负数标志位）。

2．整数乘、除法指令

整数乘法指令（MUL-I）：使能输入有效时，将两个 16 位符号整数相乘，并产生一个 16 位的积，从 OUT 指定的存储单元输出。

整数除法指令（DIV-I）：使能输入有效时，将两个 16 位符号整数相除，并产生一个 16 位的商，从 OUT 指定的存储单元输出，不保留余数。如果输出结果大于一个字，则溢出位 SM1.1 置位为 1。

双整数乘法指令（MUL-D）：使能输入有效时，将两个 32 位符号整数相乘，并产生一个 32 位的乘积，从 OUT 指定的存储单元输出。

双整数除法指令（DIV-D）：使能输入有效时，将两个 32 位整数相除，并产生一个 32 位商，从 OUT 指定的存储单元输出，不保留余数。

整数乘法产生双整数指令（MUL）：使能输入有效时，将两个 16 位整数相乘，得出一个 32 位的乘积，从 OUT 指定的存储单元输出。

整数除法产生双整数指令（DIV）：使能输入有效时，将两个 16 位整数相除，得出一个 32 位的结果，从 OUT 指定的存储单元输出。其中高 16 位放余数，低 16 位放商。

整数乘、除法指令格式如表 4.14 所示。

表 4.14 整数乘、除法指令格式

	MUL_I	DIV_I	MUL_DI	MUL_DI	MUL	DIV
LAD	EN ENO IN1 OUT IN2	EN ENO IN1 OUT IN2	EN ENO IN1 OUT IN2	EN ENO IN1 OUT IN2	EN ENO IN1 OUT IN2	EN ENO IN1 OUT IN2
STL	MOVW IN1, OUT *I IN2, OUT	MOVW IN1, OUT OUT/I IN2, OUT	MOVD IN1, OUT *D IN2, OUT	MOVD IN1, OUT /D IN2, OUT	MOVW IN1, OUT MUL IN2, OUT	MOVW IN1, OUT DIV IN2, OUT
功能	IN1*IN2=OUT	IN1/IN2=OUT	IN1*IN2=OUT	IN1/IN2=OUT	IN1*IN2=OUT	IN1/IN2=OUT

整数、双整数乘、除法指令操作数及数据类型与加减运算相同。

整数乘法、除法产生双整数指令的操作数：IN1/IN2：VW、IW、QW、MW、SW、SMW、T、C、LW、AC、AIW、常量、*VD、*LD、*AC。数据类型：整数。

OUT：VD、ID、QD、MD、SMD、SD、LD、AC、*VD、*LD、*AC。数据类型：双整数。

使 ENO=0 的错误条件：0006（间接地址）、SM1.1（溢出）、SM1.3（除数为 0）。

对标志位的影响：SM1.0（零标志位）、SM1.1（溢出）、SM1.2（负数）、SM1.3（被 0 除）。

3．实数加、减、乘、除指令

实数加法（ADD-R）、减法（SUB-R）指令：将两个 32 位实数相加或相减，并产生一个 32 位的实数结果，从 OUT 指定的存储单元输出。

实数乘法（MUL-R）、除法（DIV-R）指令：使能输入有效时，将两个 32 位实数相乘（除），并产生一个 32 位的积（商），从 OUT 指定的存储单元输出。

操作数：IN1/IN2：VD、ID、QD、MD、SMD、SD、LD、AC、常量、*VD、*LD、*AC。

OUT：VD、ID、QD、MD、SMD、SD、LD、AC、*VD、*LD、*AC。

数据类型：实数。

指令格式如表 4.15 所示。

表 4.15　实数加减乘除指令

	ADD_R	SUB_R	MUL_R	DIV_R
LAD	EN ENO IN1 OUT IN2	EN ENO IN1 OUT IN2	EN ENO IN1 OUT IN2	EN ENO IN1 OUT IN2
STL	MOVD IN1, OUT +R IN2, OUT	MOVD IN1, OUT -R IN2, OUT	MOVD IN1, OUT *R IN2, OUT	MOVD IN1, OUT /R IN2, OUT
功能	IN1+IN2=OUT	IN1-IN2=OUT	IN1*IN2=OUT	IN1/IN2=OUT
ENO=0 的错误条件	0006 间接地址，SM4.3 运行时间，SM1.1 溢出		0006 间接地址，SM1.1 溢出，SM4.3 运行时间，SM1.3 除数为 0	
对标志位影响	SM1.0（0）、SM1.1（溢出）、SM1.2（负数）、SM1.3（被 0 除）			

4．数学函数变换指令

数学函数变换指令包括平方根、自然对数、指数、三角函数等。

（1）平方根（SQRT）指令：对 32 位实数（IN）取平方根，并产生一个 32 位的实数结果，从 OUT 指定的存储单元输出。

（2）自然对数（LN）指令：对 IN 中的数值进行自然对数计算，并将结果置于 OUT 指定的存储单元中。求以 10 为底数的对数时，用自然对数除以 2.302585（约等于 10 的自然对数）。

（3）自然指数（EXP）指令：将 IN 取以 e 为底的指数，并将结果置于 OUT 指定的存储单元中。

将自然指数指令与自然对数指令相结合，可以实现以任意数为底，任意数为指数的计算。求 y^x，输入以下指令：EXP（x * LN（y））。

例如：求 23=EXP（3*LN（2））=8；27 的 3 次方根=271/3=EXP（1/3*LN（27））=3。

（4）三角函数指令：将一个实数的弧度值 IN 分别求 sin、cos、tan，得到实数运算结果，从 OUT 指定的存储单元输出。

求 45° 的正弦值。

分析：先将 45° 转换为弧度：（3.14159/180）*45，再求正弦值。程序如图 4.54 所示。

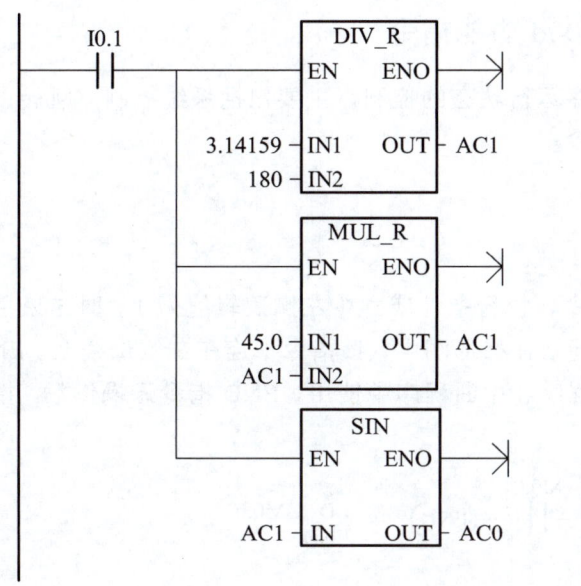

```
LD    I0.1
MOVR  3.14159，AC1
/R    180.0，AC1
*R    45.0，AC1
SIN   AC1，AC0
```

图 4.54　求 45° 的正弦值

数学函数变换指令格式及功能如表 4.16 所示。

表 4.16　函数变换指令格式及功能

	SQRT	LN	EXP	SIN	COS	TAN
LAD	EN ENO IN OUT	EN ENO IN OUT	EN ENO IN OUT	EN ENO IN OUT	EN ENO IN OUT	EN ENO IN OUT
STL	SQRT IN，OUT	LN IN，OUT	EXP IN，OUT	SIN IN，OUT	COS IN，OUT	TAN IN，OUT
功能	SQRT（IN）=OUT	LN（IN）=OUT	EXP（IN）=OUT	SIN（IN）=OUT	COS（IN）=OUT	TAN（IN）=OUT
操作数及数据类型	IN：VD、ID、QD、MD、SMD、SD、LD、AC、常量、*VD、*LD、*AC； OUT：VD、ID、QD、MD、SMD、SD、LD、AC、*VD、*LD、*AC； 数据类型：实数					

5．增减指令

增减指令又称为自动加 1 或自动减 1 指令。数据长度可以是字节、字、双字。下面以字节加 1 指令 INC_B 和字节减 1 指令 DEC_B 为例进行说明。

当允许输入端 EN 有效时，INC_B 将 1 字节长的无符号数 IN 自动加 1；DEC_B

是将1字节无符号数 IN 自动减1。输出结果 OUT 为1个字节长的无符号数，其梯形图如图 4.55 所示。

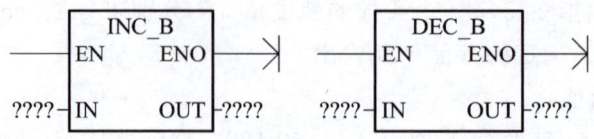

图 4.55　字节加减指令梯形图

三、拓展知识：s7-200d 功能指令

程序控制类指令用于程序运行状态的控制，主要包括系统控制、跳转、循环、子程序调用、顺序控制等指令。

（一）系统控制指令

1. 结束指令

（1）END：条件结束指令，执行条件成立（左侧逻辑值为1）时结束主程序，返回主程序的第一条指令执行。在梯形图中，该指令不连在左侧母线上。END 指令只能用于主程序，不能在子程序和中断程序中使用。END 指令无操作数，指令格式如图 4.56 所示。

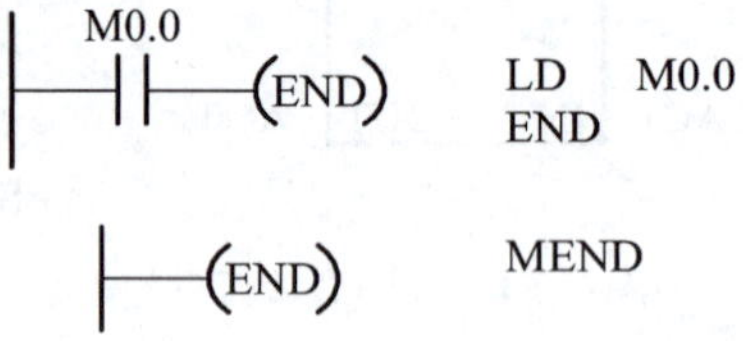

```
   M0.0
───┤ ├───(END)       LD    M0.0
                     END

   ├────(END)        MEND
```

图 4.56　END/MEND 指令格式

（2）MEND：无条件结束指令，结束主程序，返回主程序的第一条指令执行。在梯形图中，无条件结束指令连接左侧母线。用户必须以无条件结束指令结束主程序。条件结束指令，用在无条件结束指令前结束主程序。在编程结束时一定要写上该指令，否则出错；在调试程序时，在程序的适当位置插入 MEND 指令可以实现程序的分段调试。MEND 指令格式如图 4.57 所示。

必须指出，STEP7-Micro/Win32 编程软件在主程序的结尾会自动生成无条件结束指令（MEND），用户不得输入，否则编译出错。

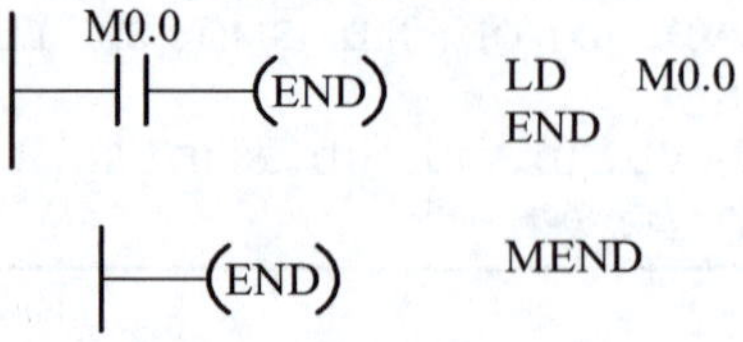

```
   M0.0
───┤ ├───(END)       LD    M0.0
                     END

   ├────(END)        MEND
```

图 4.57　END/MEND 指令格式

2. 停止指令

STOP：停止指令，执行条件成立，停止执行用户程序，令 CPU 工作方式由 RUN

转到 STOP。在中断程序中执行 STOP 指令，该中断立即终止，并且忽略所有挂起的中断，继续扫描程序的剩余部分，在本次扫描的最后，将 CPU 由 RUN 切换到 STOP。指令格式如图 4.58（a）所示。

注意：END 和 STOP 指令的区别。如图 4.58（b）所示，当 I0.0 接通时，Q0.0 有输出。若 I0.1 接通，则执行 END 指令，终止用户程序，并返回主程序的起点，这样，Q0.0 仍保持接通，但下面的程序不会执行。若 I0.1 断开，接通 I0.2，则 Q0.1 有输出。若将 I0.3 接通，则执行 STOP 指令，立即终止程序执行，Q0.0 与 Q0.1 均复位，CPU 转为 STOP 方式。

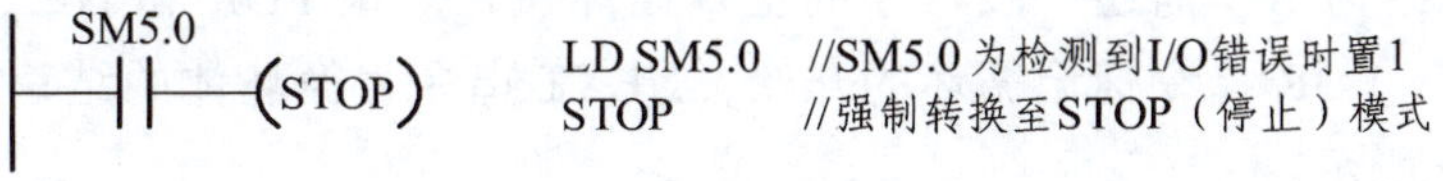

```
   SM5.0
   ─┤├──(STOP)       LD SM5.0   //SM5.0为检测到I/O错误时置1
                     STOP       //强制转换至STOP（停止）模式
```

（a）STOP 指令格式

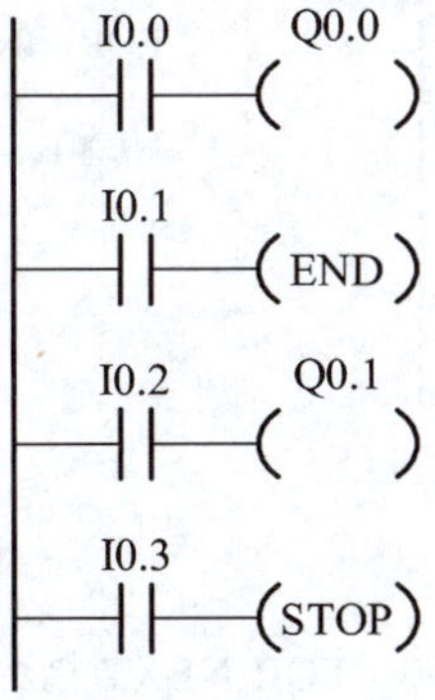

```
   I0.0    Q0.0
   ─┤├──────( )

   I0.1
   ─┤├──────(END)

   I0.2    Q0.1
   ─┤├──────( )

   I0.3
   ─┤├──────(STOP)
```

（b）END 和 STOP 指令的区别

图 4.58　END 和 STOP 指令

3. 警戒时钟刷新指令 WDR（又称看门狗定时器复位指令）

警戒时钟的定时时间为 300 ms，每次扫描它都被自动复位一次。正常工作时，如果扫描周期小于 300 ms，警戒时钟不起作用。如果强烈的外部干扰使可编程控制器偏离正常的程序执行路线，警戒时钟不再被周期性地复位，定时时间到，可编程控制器将停止运行。若程序扫描的时间超过 300 ms，为了防止在正常的情况下警戒时钟动作，可将警戒时钟刷新指令（WDR）插入到程序中适当的地方，使警戒时钟复位。这样，可以增加一次扫描时间。指令格式如图 4.59 所示。

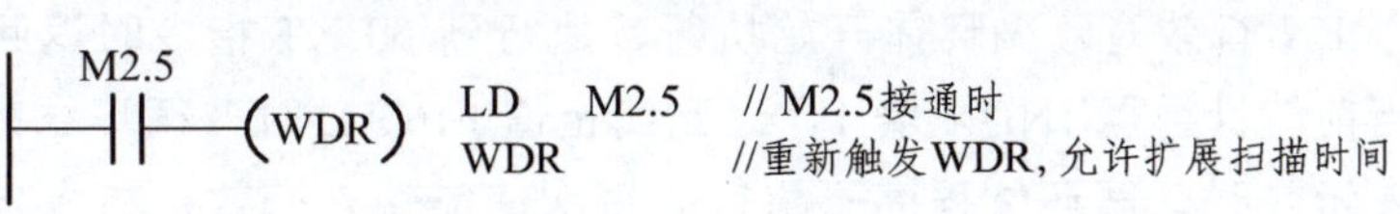

```
   M2.5
   ─┤├──(WDR)       LD  M2.5   //M2.5接通时
                    WDR        //重新触发WDR,允许扩展扫描时间
```

图 4.59　WDR 指令格式

工作原理：当使能输入有效时，警戒时钟复位，可以增加一次扫描时间。若使能输入无效，警戒时钟定时时间到，程序将终止当前指令的执行，重新启动，返回到第一条指令重新执行。

注意：如果使用循环指令阻止扫描完成或严重延迟扫描完成，下列程序只有在扫描循环完成后才能执行：通信（自由口方式除外）、I/O 更新（立即 I/O 除外）、强制更新、SM 更新、运行时间诊断、中断程序中的 STOP 指令。10 ms 和 100 ms 定时器对于超过 25 s 的扫描不能正确地累计时间。如果预计扫描时间将超过 500 ms 时，或者预计会发生大量中断活动，可能阻止返回主程序扫描超过 500 ms，应使用 WDR 指令，来重新触发看门狗计时器。

（二）循环、跳转指令

1．循环指令

（1）指令格式。

程序循环结构用于描述一段程序的重复循环执行。由 FOR 和 NEXT 指令构成程序的循环体。FOR 指令标记循环的开始，NEXT 指令为循环体的结束指令。指令格式如图 4.60 所示。

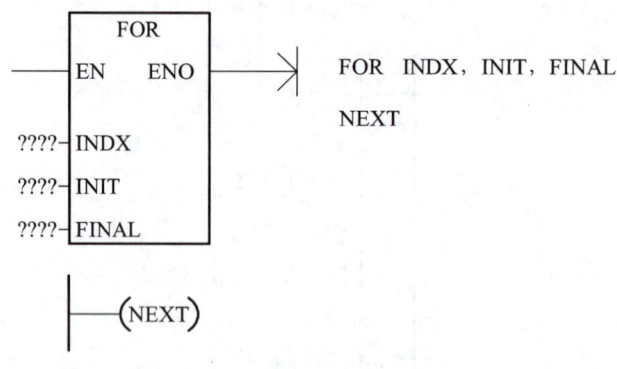

图 4.60　FOR/NEXT 指令格式

在 LAD 中，FOR 指令为指令盒格式。

EN 为使能输入端。

INDX 为当前值计数器，操作数为 VW、IW、QW、MW、SW、SMW、LW、T、C、AC。

INIT 为循环次数初始值，操作数为 VW、IW、QW、MW、SW、SMW、LW、T、C、AC、AIW、常数。

FINAL 为循环计数终止值，操作数为 VW、IW、QW、MW、SW、SMW、LW、T、C、AC、AIW、常数。

工作原理如下：

使能输入 EN 有效时，循环体开始执行，执行到 NEXT 指令时返回。每执行一次循环体，当前值计数器 INDX 增 1，达到终止值 FINAL 时，循环结束。

使能输入无效时，循环体程序不执行。每次使能输入有效，指令自动将各参数复位。

FOR/NEXT 指令必须成对使用，循环可以嵌套，最多为 8 层。

（2）循环指令示例。

循环指令示例如图 4.61 所示。当 I0.0 为 ON 时，1 所示的外循环执行 3 次，由 VW200 累计循环次数。当 I0.1 为 ON 时，外循环每执行一次，2 所示的内循环执行 3 次，且由 VW210 累计循环次数。

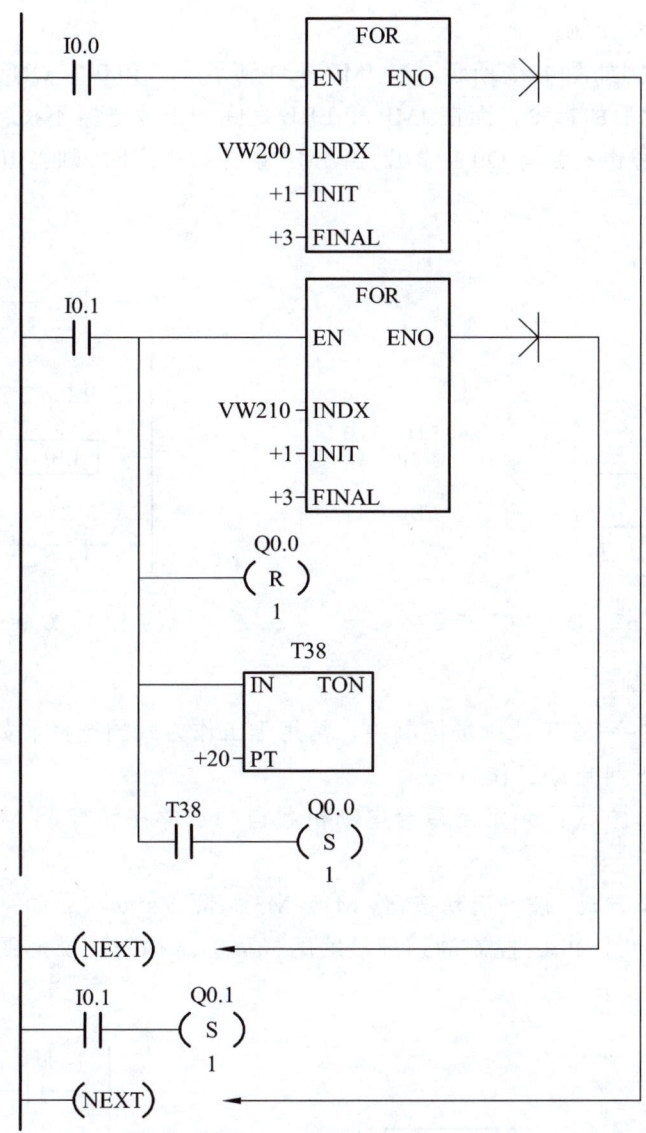

图 4.61 循环指令示例

2. 跳转指令及标号

(1) 指令格式。

JMP：跳转指令，使能输入有效时，把程序的执行跳转到同一程序指定的标号(n)处执行。

LBL：指定跳转的目标标号。

操作数 n：0~255。

指令格式如图 4.62 所示。

必须强调的是：跳转指令及标号必须同在主程序、同一子程序内或在同一中断服务程序内，不可由主程序跳转到中断服务程序或子程序，也不可由中断服务程序或子程序跳转到主程序。

（2）跳转指令示例。

跳转指令示例如图4.63所示。当JMP条件满足（即I0.0为ON）时，程序跳转执行LBL标号以后的指令，而在JMP和LBL之间的指令一概不执行，在这个过程中，即使I0.1接通也不会有Q0.1输出。当JMP条件不满足时，则当I0.1接通时Q0.1有输出。

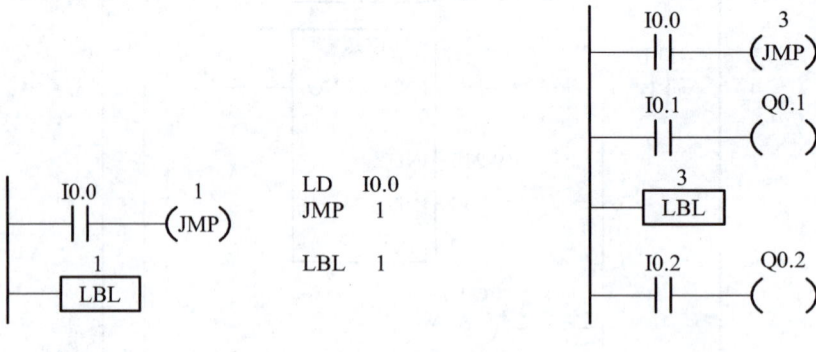

图 4.62　JMP/LBL 指令格式　　　图 4.63　跳转指令示例

（3）应用举例。

JMP、LBL指令在工业现场控制中，常用于工作方式的选择。如有3台电动机M1～M3，具有两种启停工作方式：

① 手动操作方式：分别用每台电动机各自的启停按钮控制M1～M3的起停状态。

② 自动操作方式：按下启动按钮，M1～M3每隔5 s依次启动；按下停止按钮，M1～M3同时停止。PLC控制的外部接线图、程序结构图、梯形图分别如图4.64（a）、(b)、(c)所示。

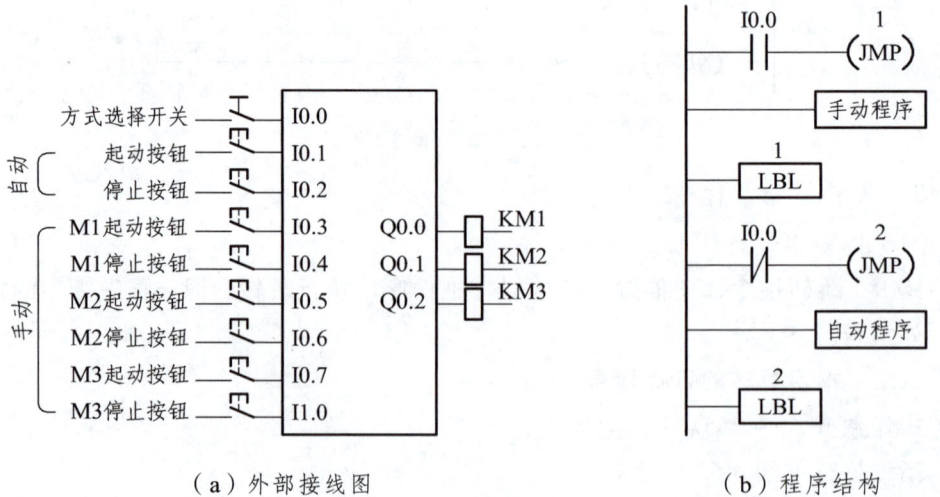

(a) 外部接线图　　　　　(b) 程序结构

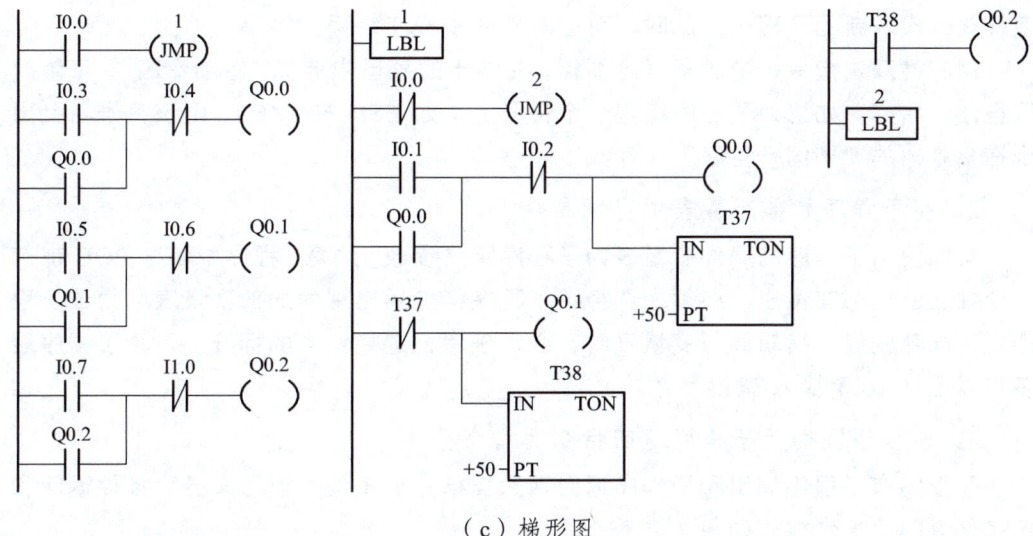

（c）梯形图

图 4.64　应用举例

从控制要求中可以看出，需要在程序中体现两种可以任意选择的控制方式。因此运用跳转指令的程序结构可以满足控制要求。如图 4.64（b）所示，当操作方式选择开关闭合时，I0.0 的常开触点闭合，跳过手动程序段不执行；I0.0 的常闭触点断开，选择自动方式的程序段执行。而操作方式选择开关断开时的情况与此相反，跳过自动方式程序段不执行，选择手动方式程序段执行。

（三）子程序调用及子程序返回指令

通常将具有特定功能并且多次使用的程序段作为子程序。主程序中用指令决定具体子程序的执行状况。当主程序调用子程序并执行时，子程序执行全部指令直至结束。然后，系统将返回调用子程序的主程序。子程序用于为程序分段和分块，使其成为较小的、更易于管理的块。在程序中调试和维护时，通过使用较小的程序块，对这些区域和整个程序简单地进行调试和排除故障。只在需要时才调用程序块，可以更有效地使用 PLC，因为所有的程序块可能无须执行每次扫描。

若要在程序中使用子程序，必须执行下列三项任务：建立子程序；在子程序局部变量表中定义参数（如果有）；从适当的 POU（主程序或另一个子程序）中调用子程序。

1．建立子程序

可采用下列几种方法建立子程序：

（1）从"编辑"菜单，选择"插入"（Insert）/"子程序"（Subroutine）。

（2）从"指令树"，用鼠标右键单击"程序块"图标，并从弹出菜单中选择"插入"（Insert）/"子程序"（Subroutine）。

（3）从"程序编辑器"窗口，用鼠标右键单击，并从弹出菜单中选择"插入"（Insert）/"子程序"（Subroutine）。

程序编辑器从先前的 POU 显示更改为新的子程序。程序编辑器底部会出现一个新标签，代表新的子程序。此时，可以对新的子程序编程。

用右键双击指令树中的子程序图标，在弹出的菜单中选择"重新命名"，可修改子程序的名称。如果为子程序指定一个符号名（如 USR_NAME），则该符号名会出现在指令树的"子例行程序"文件夹中。

2．在子程序局部变量表中定义参数

可以使用子程序的局部变量表为子程序定义参数。注意：程序中每个 POU 都有一个独立的局部变量表，必须在选择该子程序标签后出现的局部变量表中为该子程序定义局部变量。编辑局部变量表时，必须确保已选择适当的标签。每个子程序最多可以定义 16 个输入/输出参数。

3．子程序调用及子程序返回指令的指令格式

子程序有子程序调用和子程序返回两大类指令。子程序返回又分为条件返回和无条件返回。指令格式如图 4.65 所示。

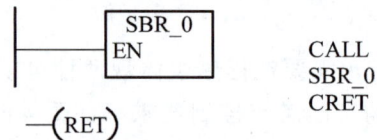

图 4.65　子程序调用及子程序返回指令格式

CALL SBRn：子程序调用指令，在梯形图中为指令盒的形式。子程序的编号 n 从 0 开始，随着子程序个数的增加自动生成。操作数 n：0~63。

CRET：子程序条件返回指令，条件成立时结束该子程序，返回原调用处的指令 CALL 的下一条指令。

RET：子程序无条件返回指令，子程序必须以本指令作结束，由编程软件自动生成。

需要说明的是：

（1）子程序可以多次被调用，也可以嵌套（最多 8 层），还可以自己调自己。

（2）子程序调用指令用在主程序和其他调用子程序的程序中。子程序的无条件返回指令在子程序的最后网络段，梯形图指令系统能够自动生成子程序的无条件返回指令，用户无须输入。

（四）中断指令

S7-200 设置了中断功能，用于实时控制、高速处理、通信和网络等复杂和特殊的控制任务。中断就是终止当前正在运行的程序，去执行为立即响应的信号而编制的中断服务程序，执行完毕再返回原先被终止的程序继续运行。

1．中断源

（1）中断源的类型。

中断源即发出中断请求的事件，又叫中断事件。为了便于识别，系统给每个中断源都分配一个编号，称为中断事件号。S7-200 系列可编程控制器最多有 34 个中断源，分为三大类：通信中断、I/O 中断和时基中断。

① 通信中断。

在自由口通信模式下,用户可通过编程来设置波特率、奇偶校验和通信协议等参数。用户通过编程控制通信端口的事件称为通信中断。

② I/O 中断。

I/O 中断包括外部输入上升/下降沿中断、高速计数器中断和脉冲输出中断。S7-200 用输入(I0.0、I0.1、I0.2 或 I0.3)上升/下降沿产生中断。这些输入点用于捕获在发生时必须立即处理的事件。高速计数器中断指对高速计数器运行时产生的事件实时响应,包括当前值等于预设值时产生的中断、计数方向改变时产生的中断或计数器外部复位产生的中断。脉冲输出中断是指预定数目脉冲输出完成而产生的中断。

③ 时基中断。

时基中断包括定时中断和定时器 T32/T96 中断。定时中断用于支持一个周期性的活动。周期时间从 1 ms 至 255 ms,时基是 1 ms。使用定时中断 0,必须在 SMB34 中写入周期时间;使用定时中断 1,必须在 SMB35 中写入周期时间。将中断程序连接在定时中断事件上,若定时中断被允许,则计时开始,每当达到定时时间值,执行中断程序。定时中断可以用来对模拟量输入进行采样或定期执行 PID 回路。定时器 T32/T96 中断指允许对定时间隔产生中断。

(2)中断优先级和排队等候。

优先级是指多个中断事件同时发出中断请求时,CPU 对中断事件响应的优先次序。S7-200 规定的中断优先级由高到低依次是:通信中断、I/O 中断和定时中断。每类中断中不同的中断事件又有不同的优先权,如表 4.17 所示。

表 4.17 中断事件及优先级

优先级分组	组内优先级	中断事件号	中断事件说明	中断事件类别
通信中断	0	8	通信口 0:接收字符	通信口 0
	0	9	通信口 0:发送完成	
	0	23	通信口 0:接收信息完成	
	1	24	通信口 1:接收信息完成	通信口 1
	1	25	通信口 1:接收字符	
	1	26	通信口 1:发送完成	
I/O 中断	0	19	PTO 0 脉冲串输出完成中断	脉冲输出
	1	20	PTO 1 脉冲串输出完成中断	
	2	0	I0.0 上升沿中断	外部输入
	3	2	I0.1 上升沿中断	
	4	4	I0.2 上升沿中断	
	5	6	I0.3 上升沿中断	
	6	1	I0.0 下降沿中断	
	7	3	I0.1 下降沿中断	
	8	5	I0.2 下降沿中断	

优先级分组	组内优先级	中断事件号	中断事件说明	中断事件类别
I/O 中断	9	7	I0.3 下降沿中断	
	10	12	HSC0 当前值=预置值中断	
	11	27	HSC0 计数方向改变中断	
	12	28	HSC0 外部复位中断	
	13	13	HSC1 当前值=预置值中断	
	14	14	HSC1 计数方向改变中断	
	15	15	HSC1 外部复位中断	
	16	16	HSC2 当前值=预置值中断	高速计数器
	17	17	HSC2 计数方向改变中断	
	18	18	HSC2 外部复位中断	
	19	32	HSC3 当前值=预置值中断	
	20	29	HSC4 当前值=预置值中断	
	21	30	HSC4 计数方向改变	
	22	31	HSC4 外部复位	
	23	33	HSC5 当前值=预置值中断	
定时中断	0	10	定时中断 0	定时
	1	11	定时中断 1	
	2	21	定时器 T32 CT=PT 中断	定时器
	3	22	定时器 T96 CT=PT 中断	

一个程序中总共可有 128 个中断。S7-200 在各自的优先级组内按照先来先服务的原则为中断提供服务。在任何时刻，只能执行一个中断程序。一旦一个中断程序开始执行，则一直执行至完成，不能被另一个中断程序打断，即使是更高优先级的中断程序。中断程序执行中，新的中断请求按优先级排队等候。中断队列能保存的中断个数有限，若超出，则会产生溢出。中断队列的最多中断个数和溢出标志位如表 4.18 所示。

表 4.18　中断队列的最多中断个数和溢出标志位

队列	CPU 221	CPU 222	CPU 224	CPU 226 和 CPU 226XM	溢出标志位
通讯中断队列	4	4	4	8	SM4.0
I/O 中断队列	16	16	16	16	SM4.1
定时中断队列	8	8	8	8	SM4.2

2．中断指令

中断指令有 4 条，包括开、关中断指令，中断连接、分离指令。指令格式如表 4.19 所示。

表 4.19 中断指令格式

LAD	—(ENI)	—(DISI)	ATCH EN ENO ????—INT ????—EVNT	DTCH EN ENO ????—EVNT
STL	ENI	DISI	ATCH INT, EVNT	DTCH EVNT
操作数及数据类型	无	无	INT：常量 0~127 EVNT：常量 CPU 224：0~23, 27~33 INT/EVNT 数据类型：字节	EVNT：常量 CPU 224：0~23, 27~33 数据类型：字节

（1）开、关中断指令。

开中断（ENI）指令全局性允许所有中断事件。关中断（DISI）指令全局性禁止所有中断事件。中断事件的每次出现均被排队等候，直至使用全局开中断指令重新启用中断。

PLC 转换到 RUN（运行）模式时，中断开始时被禁用，可以通过执行开中断指令，允许所有中断事件。执行关中断指令会禁止处理中断，但是现有中断事件将继续排队等候。

（2）中断连接、分离指令。

中断连接指令（ATCH）将中断事件（EVNT）与中断程序号码（INT）相连接，并启用中断事件。

中断分离（DTCH）指令取消某中断事件（EVNT）与所有中断程序之间的连接，并禁用该中断事件。

注意：一个中断事件只能连接一个中断程序，但多个中断事件可以调用一个中断程序。

3．中断程序

（1）中断程序的概念。

中断程序是为处理中断事件而事先编好的程序。中断程序不是由程序调用，而是在中断事件发生时由操作系统调用。在中断程序中不能改写其他程序使用的存储器，最好使用局部变量。中断程序应实现特定的任务，应"越短越好"，中断程序由中断程序号开始，以无条件返回指令（CRETI）结束。在中断程序中禁止使用 DISI、ENI、HDEF、LSCR 和 END 指令。

（2）建立中断程序的方法。

方法一："编辑"/"插入"（Insert）/"中断"（Interrupt）。

方法二：从指令树，用鼠标右键单击"程序块"图标并从弹出菜单选择"插入"（Insert）/"中断"（Interrupt）。

方法三：从"程序编辑器"窗口，从弹出菜单用鼠标右键单击"插入"（Insert）/"中断"（Interrupt）。

程序编辑器从先前的 POU 显示更改为新中断程序，在程序编辑器的底部会出现一个新标记，代表新的中断程序。

利用定时中断功能编制一个程序，实现如下功能：当 I0.0 由 OFF→ON，Q0.0 亮 1 s，灭 1 s，如此循环反复直至 I0.0 由 ON→OFF，Q0.0 变为 OFF。程序如图 4.66 所示。

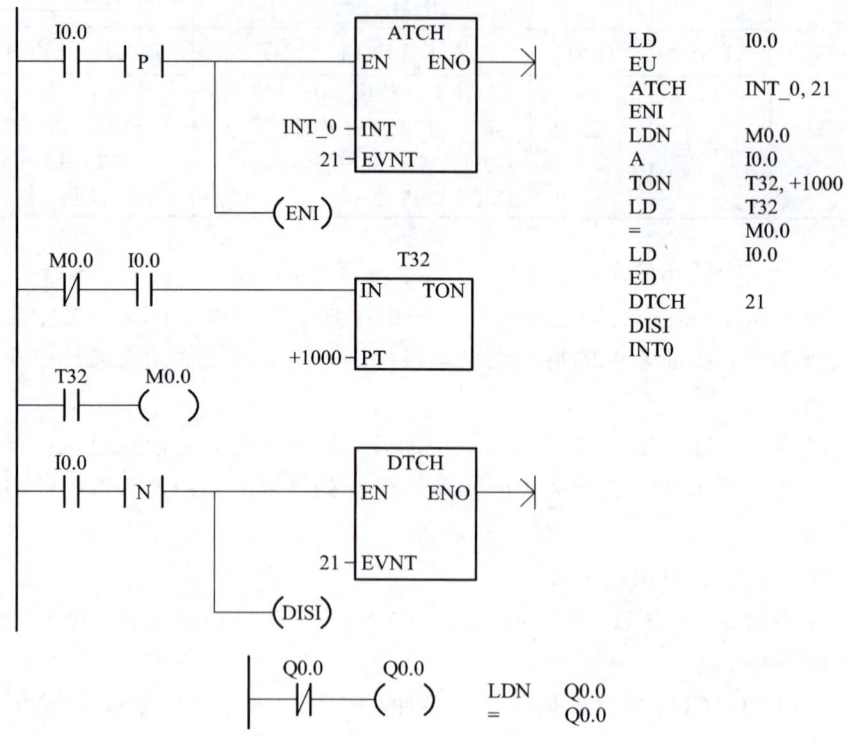

图 4.66　利用定时中断功能编制程序

习题与思考题

完成控制程序的梯形图、语句表程序的相互转换。

项目五　S7-200 PLC 控制系统的设计与调试

任务一　STEP 7-Micro/WIN 的使用

学习目标

（1）掌握 STEP 7-Micro/WIN 的安装，了解 STEP 7-Micro/WIN 的基本功能。

（2）学会断电数据保持、密码、输出表、输入滤波器和脉冲捕捉位等常用的系统组态设置。

（3）学会使用 STFP 7 编程软件，能进行文件操作、程序编辑、下载和运行、停止样序。

（4）掌握 STEP 7-Micro/WIN 的仿真运行。

一、任务导入

随着 PLC 应用技术的不断进步，西门子公司 S7-200 PLC 编程软件的功能也在不断完善，尤其是汉字化工具的使用，使 PLC 的编程软件更具有可读性。STEP 7-Micro/WIN（简写 STEP 7）编程软件是 S7-200 系列 PLC 专用的编程软件，其编程界面和帮助文档已汉化，为用户实现开发、编辑和监控程序等提供了良好界面。STEP 7-Micro/WIN 编程软件为用户提供了 3 种程序编辑器：梯形图、指令表和功能块图，同时还提供了完善的在线帮助功能，有利于用户获取需要的信息。

二、相关知识

（一）STEP 7-Micro/WIN 的安装

1．系统要求

操作系统：Windows 95、Windows 98、Windows ME 或 Windows 2000。

计算机：IBM 486 以上兼容机，内存 8 MB 以上，VGA 显示器，至少 50 MB 以上硬盘空间，Windows 支持鼠标。

通信电缆：PC/PPI 电缆（或使用一个通信处理器卡），用来将计算机与 PLC 连接。

2．软件安装

编程软件 STEP 7-Micro/WIN（安装光盘带有或者从西门子官网上下载）可以安装在 PC 及 SIMATIC 编程设备 PG70 上。在 PC 上的安装方法如下：

(1)将光盘插入光盘驱动器。

(2)系统自动进入安装向导,或单击"开始"按钮启动 Windows 菜单。

(3)单击"运行"菜单。

(4)按照安装向导完成软件的安装。

(5)在安装结束时,会出现是否重新启动 PC 选项。

(二)STEP 7-Micro/WIN 的功能

STEP 7-Micro/WIN 作为 S7-200 系列 PLC 的专用编程软件,其功能强大,可以实现全中文程序编程操作。

1. STEP 7-Micro/WIN 的基本功能

STEP 7-Micro/WIN 编辑软件是在 Windows 平台上编制用户应用程序,主要完成下列任务:

(1)在离线方式下(计算机不直接与 PLC 联系)可以实现对程序的创建、编辑、编译、调试和系统组态。由于没有联机,所有的程序都存储在计算机的存储器中。

(2)在在线(与 PLC 联机)方式下可通过联机通信的方式上装和下载用户程序及组态数据,编辑和修改用户程序。可以直接对 PLC 做各种操作。

(3)在编辑程序过程中进行语法检查。为避免用户在编程过程中出现一些语法错误以及数据类型错误,软件会进行语法检查。使用梯形图编程时,在出现错误的地方会自动加红色波浪线。使用语句表编程时,在出现错误的语句行前自动画上红色叉,且在错误处加上红色波浪线。

(4)提供对用户程序进行文档管理、加密处理等工具功能。

(5)设置 PLC 的工作方式和运行参数,进行监控和强制操作等。

2. 软件界面及其功能

编程软件提供多种语言显示界面,下面依据中文界面介绍 STEP 7 常用功能。其他语言界面功能与中文界面相同,只是显示语言不同。

(1)软件界面。

第一次启动 STEP 7 编程软件显示的是英文界面,如图 5.1 所示。

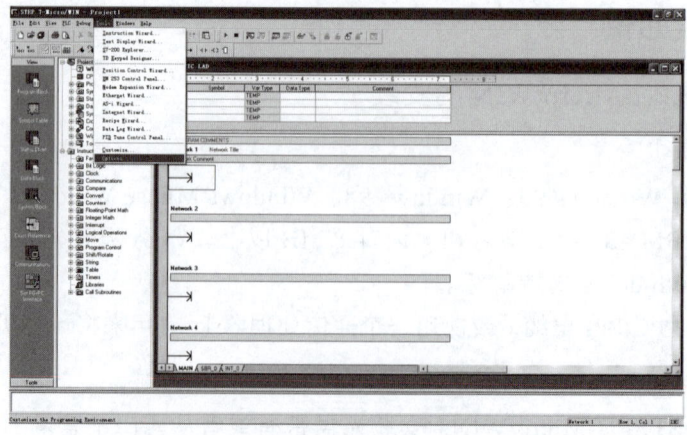

图 5.1 英文界面

因为 STEP 7 编程软件提供了多种显示语言，所以可以选择中文主界面。在图 7.1 中选择"Tools"/"Options"命令，打开"Options"对话框。

在"Options"对话框中将"General"/"Language"的内容选择为"Chinese"（见图 5.2），然后单击"OK"按钮，弹出退出提示对话框，单击"确定"按钮后，弹出是否保存对话框，单击"是"按钮保存后，英文界面被关闭。再次启动 STEP 7，出现中文界面，如图 5.3 所示。

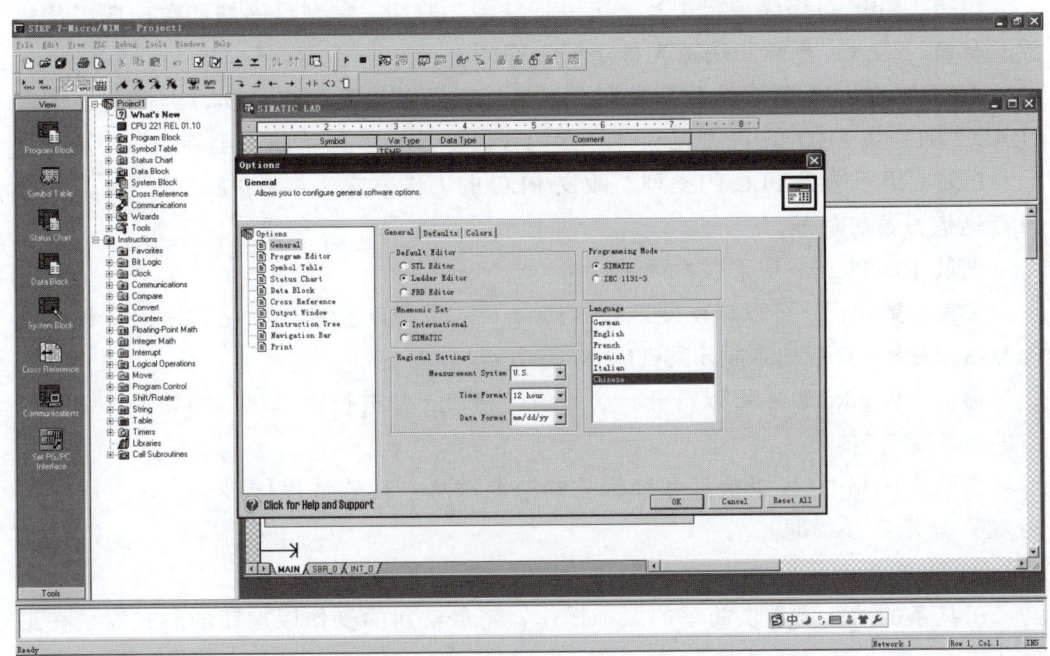

图 5.2　英文界面

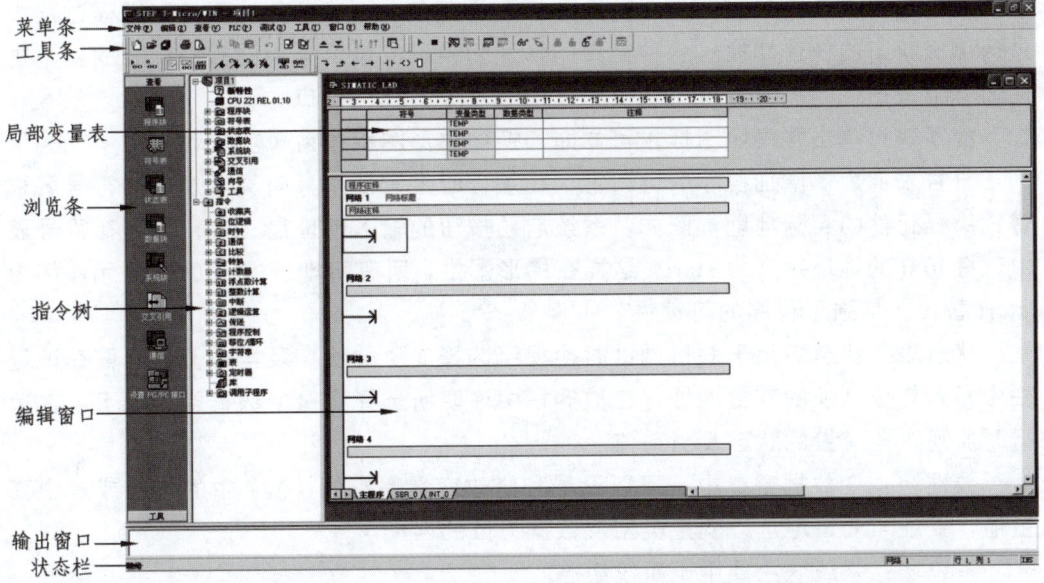

图 5.3　中文界面

(2)界面功能。

STEP 7 编程软件的中文界面一般分为菜单条、工具条、浏览条、输出窗口、状态栏、编辑窗口、局部变量表和指令树等几个区域，下面分别对这几块区域进行介绍。

① 菜单条。

文件（File）：有新建、打开、关闭、保存文件，上装或下载用户程序，打印预览，页面设置等操作。

编辑（Edit）：程序编辑工具。可进行复制、剪切、粘贴程序块和数据块以及查找、替换、插入、删除和快速光标定位等操作。

查看（View）：可以设置开发环境，执行引导窗口区的选择项，选择编程语言（LAD、STL 或 FBD），可设置 3 种程序编程器的风格，如字体大小等。

PLC：用于选择 PLC 的类型，改变 PLC 的工作方式，查看 PLC 的信息，进行 PLC 通信设置等功能。

调试（Debug）：用于联机调试。

工具（Tools）：可以调用复杂指令向导（包括 PID 指令、网络读写指令和高速计数器指令），安装文本显示器 TD200 等功能。

窗口（Windows）：可以打开一个或多个窗口，并进行窗口之间的切换，设置窗口的排放形式等。

帮助（Help）：可以检索各种相关的帮助信息。在软件操作过程中，可随时按 F1 键，显示在线帮助。

② 工具条。

工具条的功能是提供简单的鼠标操作，将最常用的操作以按钮的形式安放在工具条中。

③ 浏览条。

通过选择"查看"/"浏览条"命令打开浏览条。浏览条的功能是在编程过程中进行编程窗口的快速切换。各种窗口的快速切换是由浏览条中的按钮控制的，单击任何一个按钮，即可将主窗口切换到该按钮对应的编程窗口。

程序块：单击程序块图标，可立即切换到梯形图编程窗口。

符号表：为了增加程序的可读性，在编程时经常使用具有实际意义的符号名称替代编程元件的实际地址，例如，系统启动按钮的输入地址是 I0.0，如果在符号表中，将 I0.0 的地址定义为 start，这样在梯形图中，所有用地址 I0.0 的编程元件都由 start 替代，增强了程序的可读性。

状态表：状态表用于联机调试时检视所选择变量的状态及当前值。只需在地址栏中写入想要监视的变量地址，在数据栏中注明所选择变量的数据类型就可以在运行时监视这些变量的状态及当前值。

数据块：在数据窗口中，可以设置和修改变量寄存器（V）中的一个或多个变量值，要注意变量地址、变量类型及数据方位的匹配。

系统块：系统块主要用于系统组态。

交叉引用：当用户程序编译完成后，交叉索引窗口提供的索引信息有：交叉索引信息、字节使用情况和位使用情况。

通信与设置 PG/PC 接口：当 PLC 与外部器件通信时，需进行通信设置。

④ 输出窗口。

该窗口用来显示程序编译的结果信息，如各程序块（主程序、中断程序或子程序）的大小、编译结果有无错误、错误编码和位置等。

⑤ 状态栏。

状态栏也称为任务栏，与一般任务栏功能相同。

⑥ 编辑窗口。

编辑窗口分为 3 部分：编辑器、网络注释和程序注释。编辑器主要用于梯形图、语句表或功能图编写用户程序，或在联机状态下从 PLC 下载用户程序进行读程序或修改程序。网络注释是指对本网络的用户程序进行说明。程序注释用于对整个程序说明解释，多用于说明程序的控制要求。

⑦ 局部变量表。

每个程序块都对应一个局部变量表。在带参数的子程序调用中，局部变量表用来进行参数传递。

⑧ 指令树。

可通过选择"查看"/"指令树"命令，提示编程时所用到的全部 PLC 指令和快捷操作命令。

3．系统组态

系统组态是指参数设置和系统配置。单击浏览条里的系统块图标即可进入系统组态设置对话框（见图 5.4）。常用的系统组态包括断电数据保持、密码、输出表、输入滤波器和脉冲捕捉位等。下面将介绍这几种常用的系统组态的设置过程。

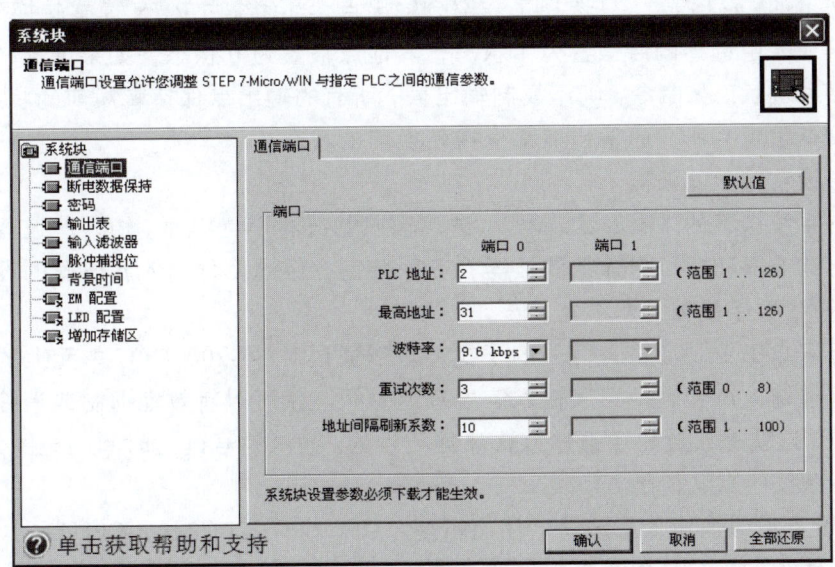

图 5.4　系统组态

（1）设置断电数据保持。

在 S7-200 中，可以用编辑软件来设置需要保持数据的存储器，以防止出现电源掉电的意外情况时丢失一些重要参数。

当电源掉电时，在存储器 M、T、C 和 V 中，最多可以定义 6 个需要保持的存储器区。对于 M，系统的默认值是 MB0～MB13 不保持；对于定时器 T（只有 TONR）和计数器 C，只有当前值可以选择被保持，而定时器位和计数器位是不能保持的。单击系统块下的"断电数据保持"进入断电数据保持设置界面，对需要进行掉电保持的存储器进行设置。

（2）设置密码。

设置密码指设置 CPU 密码，设置 CPU 密码主要用来限制某些存取功能。S7-200 对存取功能提供了 4 个等级的限制，系统的默认状态是 1 级（不受任何限制）。

设置 CPU 密码时，应先单击系统下的"密码"，然后在 CPU 密码设置界面内选择权限，输入 CPU 密码并确认。如果在设置密码后又忘记了密码，无法进行受限制地操作，只有清除 CPU 密码，重新装入用户程序。清除 CPU 存储器的方法是：在 STOP 模式下，重新设置 CPU 出厂设置的默认值（CPU 地址、比特率和时钟除外）。选择菜单中的"PLC"/"清除"对话框，选择"ALL"命令，然后确定即可。如果已经设置了密码，则弹出"密码授权"对话框，输入"CLEAR"，就可以执行全部清除操作。由于密码同程序一起存储在存储卡中，最后还要重新写存储器卡，才能从程序中去掉遗忘的密码。

（3）设置输出表。

S7-200 在运行过程中可能遇到由 RUN 模式转换到 STOP 模式，在已经配置了输出表功能时，就可以将输出量复制到各个输出点，使各个输出点的状态变为输出表规定的状态或保持转换前的状态。输出表也分为数字量输出表和模拟量输出表。单击系统块下的"输出表"，只选择了一部分输出点，当系统由 RUN 模式转换到 STOP 模式时，在表中选择的点被置为 1 状态，其他点被置为 0 状态。如果选择"将输出冻结在最后的状态"命令，则不复制输出表，所有的输出点保持转换前的状态不变。系统的默认设置为所有的输出点都保持转换前的状态。

（4）设置输入滤波器。

单击系统块下的"输入滤波器"，进入输入滤波器设置界面。输入滤波器分为数字量输入滤波器和模拟量输入滤波器，下面分别介绍这两种输入滤波器的设置。

① 设置数字量输入滤波器。

对于来自工业现场输入信号的干扰，可以通过对 S7-200 CPU 单元上的全部或部分数字量输入点合理地定义输入信号延迟时间，就可以有效地抑制或消除输入噪声的影响，这就是设置数字量输入滤波器的目的。输入信号延迟时间的范围为 0.2～128 ms，系统的默认值是 64 ms。

② 设置模拟量输入滤波器（使用机型：CPU222，CPU224，CPU226）。

如果输入的模拟量信号是缓慢变换的，可以对不同的模拟量输入采用软件滤波的方式。有 32 个参数需要设定：选择需要滤波的模拟量输入地址，设定采样次数和死区值。系统默认参数为：选择全部模拟量参数，采样数为 64（滤波值是 64 次采样的平均值），死区值为 320（如果模拟量输入值与滤波值的差值超过 320，滤波器对最近的模拟量的输入值的变化将是一个阶跃函数）。

(5)设置脉冲捕捉位。

如果在两次输入采样期间出现了一个小于一个扫描周期的短暂脉冲,在没有设置脉冲捕捉功能时,CPU 就不能捕捉到这个脉冲信号。反之,设置了脉冲捕捉功能,CPU 就能捕捉到这个脉冲信号。单击系统块下的"脉冲捕捉位",进入脉冲捕捉位设置界面。

(三)STEP 7-Micro/WIN 的使用

STEP 7 编程软件的使用是学习编程软件的重点。STEP7-Micro/WIN 提供三种编辑器来创建程序,分别为梯形图(LAD)、语句表(STL)和功能块图(FBD)。用任何一种程序编辑器编写的程序,都可以用另外一种程序编辑器来浏览和编辑。本节将对 STFP 7 编程软件的文件操作、编辑程序、下载和运行、停止样序进行介绍。

1.文件操作

STEP 7 的文件操作主要是指新建程序文件和打开已有文件两种。

(1)新建程序文件。

新建一个程序文件,可选择"文件"/"新建"命令,或者单击工具条中的 按钮来完成。新建的程序文件名字默认为"项目 1",PLC 型号默认为 CPU221。程序文件建立后,程序块中包括 1 个主程序 MAIN(0Bl)、1 个子程序 SBR_0(SBR0)和 1 个中断服务程序 INT_0(INT0)。新建程序文件界面如图 5.5 所示。

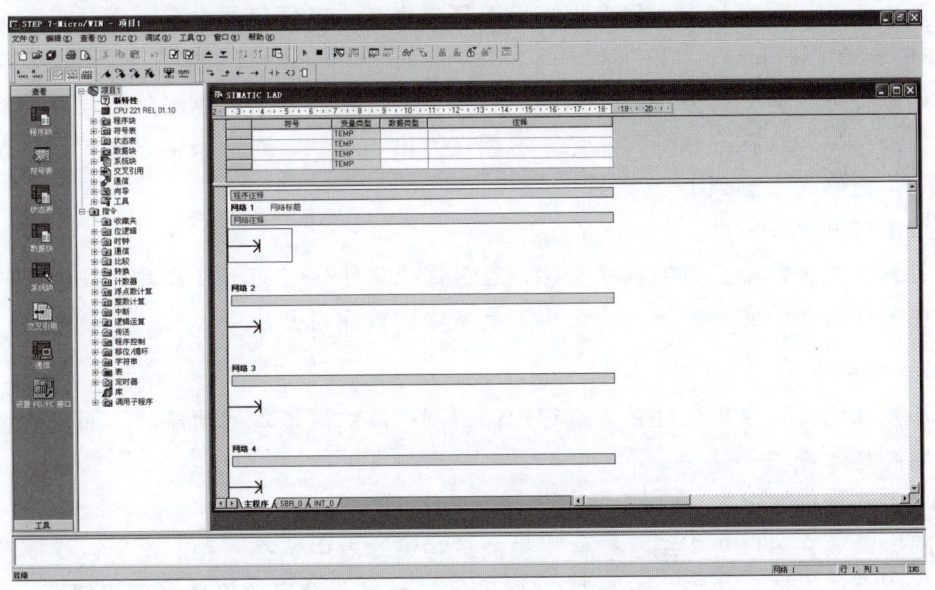

图 5.5 新建程序文件界面

在新建程序文件时需根据实际情况更改文件的初始设置,如 PLC 型号更改、项目文件更名、程序更名、程序添加和删除等。

① PLC 型号更改。

因为不同型号的 PLC 的外部扩展能力不同,所以在建立新程序文件时,应根据项目的需要选择 PLC 型号。若选用 PLC 的型号为 CPU224,则右击项目 1(CPU221)的图标,选择"类型"命令或者选择"PLC"/"类型"命令,弹出"PLC 类型"对话框，在"PLC 类型"文本框中选择"CPU224"，在"CPU 版本"中选择 CPU 的版本（在此选择 02.01），然后单击"确认"按钮，PLC 型号就更改为 CPU224 了。

② 项目文件更名。

若要更改程序文件的默认名称，可选择"文件"/"另存为"命令，在弹出的对话框中键入新名称即可。

③ 程序更名。

主程序的名称一般默认为 MAIN，不用更改。若更改子程序或者中断服务程序名称，则在指令树的程序块文件夹下右击子程序名或中断服务程序名，在弹出的菜单中选择"重命名"命令，原有名称被选中，此时键入新的程序名代替即可。

④ 程序添加和删除。

在项目程序中，往往不止一个子程序和中断程序，此时就应根据需要添加。在编程时，也会遇到删除某个子程序和中断程序的情况。

添加程序有三种方法：

- 选择"编辑"/"插入"/"子程序（中断程序）"命令进行程序添加工作。
- 在指令树窗口，右击程序块下的任何一个程序图标，在弹出的菜单中选择"插入"/"子程序（中断程序）"命令。
- 在编辑窗口右击编辑区，在弹出的菜单中选择"插入"/"子程序（中断程序）"命令。

新生成的子程序和中断程序根据已有子程序和中断程序的数目，默认名称分别为 SBR_n 和 INT_n。

删除程序只有一种方法：在指令树窗口，右击程序块下的需删除的程序图标，在弹出的菜单中选择"删除"命令，然后在弹出"确认"对话框中单击"是"按钮即可（主程序无法删除）。

（2）打开已有文件。

打开一个磁盘中已有的程序文件，应选择"文件"/"打开"命令，在弹出的对话框中选择打开的文件即可。也可用工具条中的按钮打开。

2．编辑程序

编制和修改程序是 STEP 7 编程软件编制程序的最基本的功能。下面将介绍编辑程序的基本操作。

（1）选择编辑器。

根据需要在 STEP 7 编程软件提供的三种编辑器中选择一种。这里以梯形图编辑器为例进行介绍，选择"查看"/"梯形图"命令，即可选择梯形图编辑器。

（2）输入编程元件。

梯形图编程元件主要有触点、线圈、指令盒、标号及连接线。其中触点、线圈和指令盒属于指令元件；连接线分为垂直线和水平线，而垂直线包括下行线和上行线，水平线包括左行线和右行线。编程元件的输入方法有以下两种：

采用指令树中的指令。这些指令是按照类型排放在不同的文件夹中的，主要用于选择触点、线圈和指令盒，直观性强。

采用指令工具条上的编程按钮。单击触点、线圈和指令盒按钮时，会弹出下拉菜单，可在下拉菜单中选择所需命令。

具体如下：

① 放置指令元件。

在指令树里打开需要放置的指令，将指令拖曳至所需的位置，指令就放置在指定的位置了。也可以用鼠标在需要放置指令的地方单击，然后双击指令树中要放置的指令，那么指令自动出现在需要的位置上。

② 输入元件的地址。

放置指令元件后会出现"？？.？"，用鼠标单击指令的"？？.？"，可以输入元件的地址，如"I0.0"，然后点击键盘的 Enter 键即可。按照上述方法放置其他元件，如输入元件 I0.1 和输出元件 Q0.0。

③ 画垂直线和水平线。

● 画垂直线：单击 ↑ 按钮完成并联程序，也可以将编程方框放置在上行的元件上。单击 ↓ 按钮，同样完成触点并联的程序。

● 画水平线：将编程方框放置在另一方框右侧的位置上，单击 → 按钮完成水平线的绘制。

（3）插入列和插入行（见图 5.6）。

① 插入列。

选择"编辑"/"插入"/"列"命令，就可以在元件前面插入一列的位置，然后将所需元件从指令数拖曳到编辑方框所在位置并将元件放置在编辑方框上。

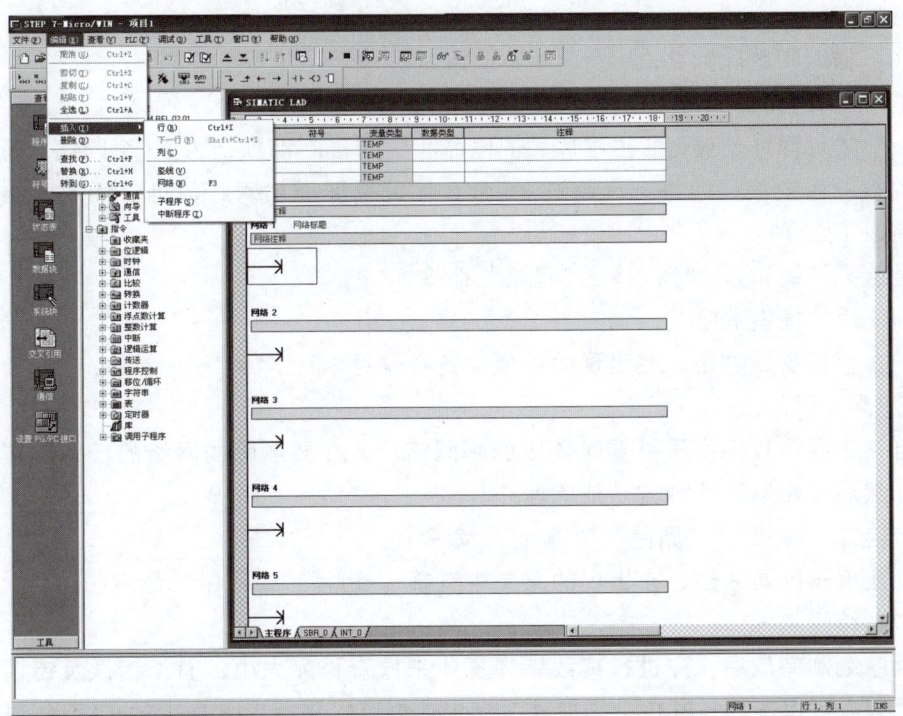

图 5.6　插入行、列

② 插入行。

选择"编辑"/"插入"/"行"命令,就可以在元件前面插入一行,然后在编程方框处添加。

(4) 更改指令元件。

如果要把常开触点 M0.0 变为常闭触点,常闭触点 I0.1 变为立即常闭触点 I0.2,一般有两种方法:

① 把原来 M0.0 的常开触点和 I0.1 的常闭触点删除,然后在相应的位置直接放置需要的指令。

② 把光标放置在 M0.0 的常开触点上面,然后双击指令树的常闭触点,可以看到 M0.0 的常开触点改为常闭触点了。利用同样的方法把 I0.1 的常闭触点先改成立即常闭触点,然后把 I0.1 的地址改成 I0.2 的地址即可得到目标程序。

(5) 符号表。

使用符号表,可将元件地址用具有实际意义的符号代替,有利于程序清晰易读。符号表通常在编写程序前先进行定义,否则在元件地址已经输入后会出现无法显示的问题。例如,定义的输入元件 I0.0 为机械手左移按钮,可以选择"查看"/"符号表"命令,也可以在浏览条中单击符号表图标,出现符号表界面,然后在符号表界面里分别填写"符号""地址"和"注释"三项("注释"项根据需要决定是否填写)。然后单击浏览条里的程序块图标,切换到梯形图程序,可以发现 I0.0 元件地址并没有变化,地址仍为 I0.0。若重新输入地址"I0.0",则会发现 I0.0 前面出现了"机械手左~"(因为编程软件里的符号名称只能显示 4 个汉字),因此常在编写程序前先编写符号表。

(6) 插入和删除网络。

① 插入网络。

一个项目程序创建时,主程序、子程序和中断程序都默认为 25 个网络,而许多复杂的控制系统编程网络远远超过 25 个,因此需要增加网络数目。插入网络常用方法有以下三种。

- 选择"编辑"/"插入"/"网络"命令。
- 使用快捷键 F3。
- 在编辑窗口右击,在出现的菜单中选择"插入"/"网络"命令。

② 删除网络。

当某个网络程序不再需要时,应删除网络。先在要删除的网络的任意位置点击一下,然后按照以下两种方法删除网络:

- 选择"编辑"/"删除"/"网络"命令。
- 在编辑界面右击,在出现的菜单中选择"删除"/"网络"命令。

(7) 编译。

程序编制完成后,应进行离线编译操作来检查程序大小、有无错误及错误编码和位置等。可以选择"PLC"/"编译"命令,也可以采用工具条中的"编译"按钮。其中,"编译"按钮完成对某个程序块的操作(如中断程序),"全部编译"按钮是对整个程序进行操作,显示了程序大小、编译有无错误等信息。

3．下载与运行程序

程序编制完成并编译无误后，就可将程序下载到 PLC 中运行。

（1）下载程序。

可单击 ■ 按钮将用户程序下载到 PLC 中。若没有设置通信连接，便会在"下载"对话框中出现通信错误提示。

使用 PC/PPI 或 USB/PPI 通信电缆把 S7-200 与编程计算机连接，然后单击"通信"按钮，打开"通信"对话框，单击"设置 PC/PC 接口"按钮，打开"设置 PG/PC 接口"对话框，选择 PC/PPI cable（PPI），单击"属性"按钮，出现"属性"对话框。在"属性"对话框中选择"本地连接"命令，设置本地编程计算机的通信口为"USB"。然后在"PPI"命令中设置"站参数和网络参数"，单击"确认"按钮后，完成通信属性设置，最后双击刷新图标，出现正常通信的界面，单击"确认"按钮，关闭"通信"对话框后，单击"是"按钮，即可把项目程序下载到 PLC 中。

（2）运行与停止程序。

① 运行用户程序。

把需要运行的用户程序下载到 PLC 中，再把 PLC 上的 RUN/TERM/STOP 开关扳动到 RUN 位置，然后单击 ▶ 按钮，弹出自动"RUN（运行）"对话框。单击"是"按钮，CPU 开始运行用户程序，查看 CPU 上的 RUN 指示灯是否点亮。

② 停止运行用户程序。

单击 ■ 按钮，自动弹出"STOP（停止）"对话框。确认停止运行后，CPU 停止运行用户程序。查看 CPU 上的 STOP 指示灯是否点亮。

4．仿真运行点动控制程序

学习 PLC 最有效的手段是联机编程和调试。S7-200 仿真器 V2.0 版是一款优秀的汉化仿真软件，不仅能仿真 S7-200 主机，而且能仿真数字量、模拟量扩展模块和 TD200 文本显示器，在互联网上可以找到该软件的下载地址。

仿真软件不能直接使用 S7-200 的用户程序，必须用"导出"功能将用户程序转换成 ASCII 码文本文件，然后再下载到仿真器中运行。以电机的点动控制介绍 TD200 仿真过程。

（1）导出文本文件。

点动控制程序编写后，在编程软件 STEP 7-Micro/WIN V 4.0 中文主界面中单击菜单栏的"文件"/"导出"，在"导出程序块"对话框中填入文件名和保存路径，该文本文件的后缀名为".awl"。单击"保存"按钮，如图 5.7 所示。

（2）启动仿真程序。

仿真程序不需要安装，启动时执行其中的 S7-200 汉化版.EXE 文件即可。启动结束后，输入密码。

（3）选择 CPU。

单击仿真软件菜单栏中"配置"/"PLC 型号"，选择与编程软件相应的 CPU 型号和 CPU 版本号后，单击"Accept"按钮。

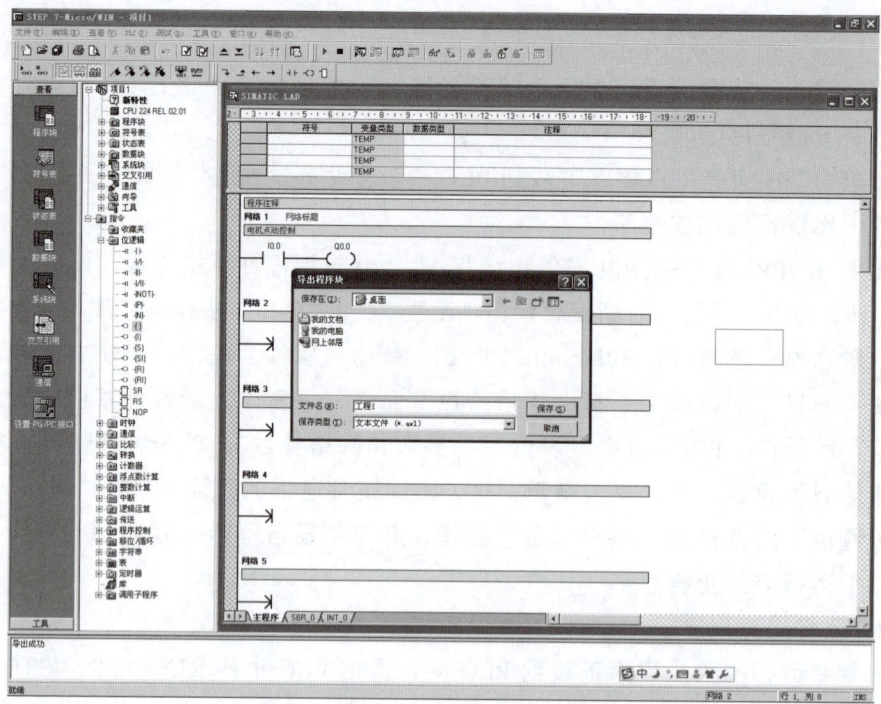

图 5.7　导出文本

（4）CPU22X 仿真图形。

CPU22X 的仿真图形如图 5.8 所示。CPU 模块下面是 14 个双掷开关，与 PLC 的输入端相对应，可单击它们输入控制信号。开关的下面是两个直线电位器，这两个电位器都是 8 位模拟量输入电位器，对应的特殊存储器字节分别是 SMB 28 和 SMB 29，可以用鼠标移动电位器的滑动块来设置它们的值（0～255）。双击扩展模块的空框，可在对话框中选择扩展模块的类型，添加或删除扩展模块单元。

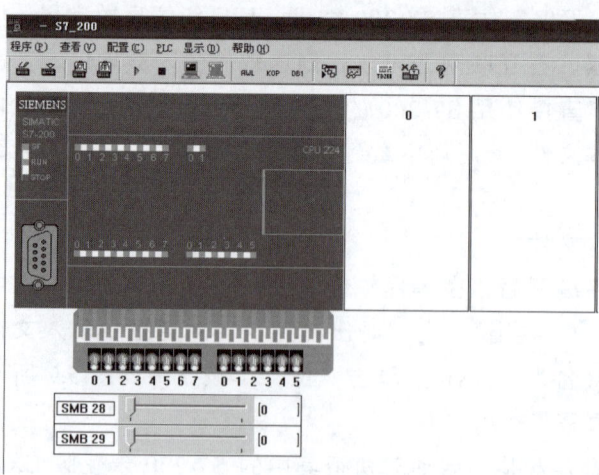

图 5.8　仿真图形

（5）选中逻辑块。

单击菜单栏中"程序"/"装载程序"，在"装载程序"对话框中仅选中逻辑块，单击"确定"按钮，就进入"打开"对话框。

（6）选中仿真文件。

在"打开"对话框中选中导出的"点动控制"文件。

（7）点动控制程序装入仿真器。

点动控制程序的文本文件被装入仿真器软件中。

（8）仿真运行。

单击工具栏上的按钮或单击菜单栏中"PLC"/"运行",将仿真器切换到运行状态。单击对应于输入端 I0.0 的开关图标,接通 I0.0,输入 LED 灯 I0.0 和输出 LED 灯 Q0.0 点亮,断开 I0.0,输入 LED 灯 I0.0 和输出 LED 灯 Q0.0 灭,仿真结果符合点动程序逻辑,如图 5.9 所示。

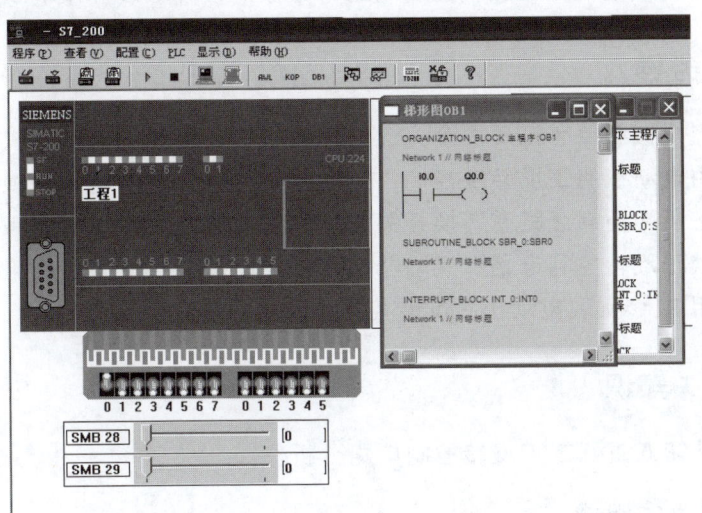

图 5.9　仿真运行

（9）内存变量监控。

单击菜单栏中"查看"/"内存监视",在"内存表"对话框中填入变量地址,单击"开始"或者"停止"按钮,用来启动和停止监控。当 I0.0 接通时,I0.0 和 Q0.0 的值为"2#1",否则为"2#0"。至此,仿真过程结束。

习题与思考题

上机进行参数的设置和系统配置。

任务二　电动机正反转控制电路 PLC 程序分析与调试

学习目标

（1）掌握电动机正反转控制电路工作原理。
（2）能正确安装、调试电动机正反转控制电路控制线路。
（3）能够完成电动机正反转控制电路电控板的设计、装配及调试任务。

一、任务导入

很多生产机械都要有正反两个方向的运动，如起重机的升降、机床工作台的进退等，这可由电动机的正反转来控制。电动机正反转是利用电源的换相原理来实现的。常见的正反转控制线路有转换开关正反转控制电路，接触器联锁正反转控制电路，按钮联锁正反转控制电路及接触器按钮双重联锁的正反转控制电路。本次任务要求学会使用 PLC 实现电动机正反转控制电路的方法。

二、相关知识

接触器按钮双重互锁正反转控制电路分析。

（一）电路的组成

双重互锁的正反转控制电气原理图如图 5.10 所示。电路中采用了两个接触器，正转用的接触器 KMI 和反转用的接触器 KM2，它们分别由 SB2 和 SB3 控制。这两个接触器向电动机提供的电源相序相反，从而实现电动机的正反向运行。SB1 是停止按钮。

（二）工作原理

当需要电动机正转时，合上电源开关 QS。按下正转启动按钮 SB2，按钮 SB2 串联在接触器 KM2 线圈回路中的常闭触点立即断开。电源通过 FU2、FR 的常闭触点、SB1 的能闭触点、SB2 的常开触点、SB3 的常闭触点、接触器 KM2 的常闭触点使接触器 KMI 线圈得电，其主触点闭合使电动机正向运行，并通过接触器 KME 的辅助常开触点自锁运行。反转启动过程与上述过程相似，只是接触器 KM2 动作后，调换了电源的 U 相和 W 相（即改变电源相序），达到反向的目的电动机停转。当需要停转时，按下 SB2 可使接触器 KMI 或 KM2 线圈断电，其常开触点复位，电动机停转。

（三）互锁原理

接触器 KM1 和 KM2 的主触点决不允许同时闭合，否则会造成两相电源短路事故。为了保证一个接触器得电动作而另一个接触器不能得电动作,以避免电源相间短路,在正转控制电路中串接了反转接触器 KM2 的辅助常闭触点及 SB3 的常闭触点,而在反转控制电路中串接了正转接触器 KM1 的辅助常闭触点及 SB2 的常闭触点。当电动机正向运行或启动时,KM1 辅助常闭触点及 SB2 的常闭触点切断了反转的控制电路,保证在 KM1 主触点闭合时,KM2 主触点不能闭合。同样,当电动机反向运行或启动时,KM2 辅助常闭触点及 SB3 的常闭触点切断了正转的控制电路,保证在 KM2 主触点闭合时,KMl 主触点不能闭合。

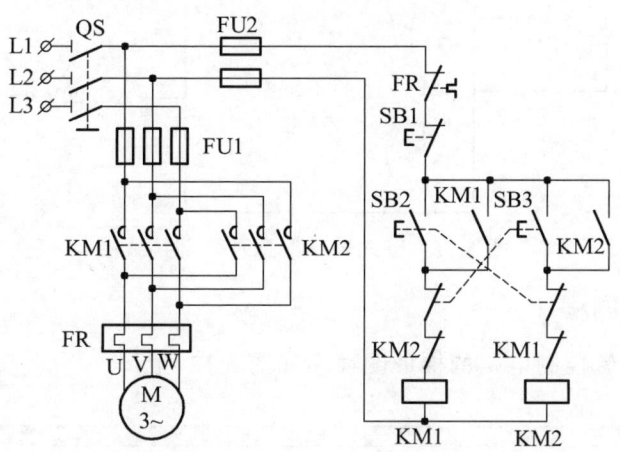

图 5.10 双重互锁的正反转控制电气理图

三、任务实施

使用 PLC 实现电动机正反转控制。

(一)I/O 分配

I/O 分配情况如表 5.1 所示。

表 5.1 I/O 分配表

序号	PLC 地址(PLC 端子)	电气符号(面板端子)	功能说明
1	I0.0	SB1	正转启动
2	I0.1	SB2	反转启动
3	I0.2	SB3	停止
4	I0.3	FR1	热继电器
5	Q0.1	KM1	继电器 02
6	Q0.2	KM2	继电器 03

(二)PLC 硬件接线

电动机正反转控制电路的 PLC 硬件接线如图 5.11 所示。

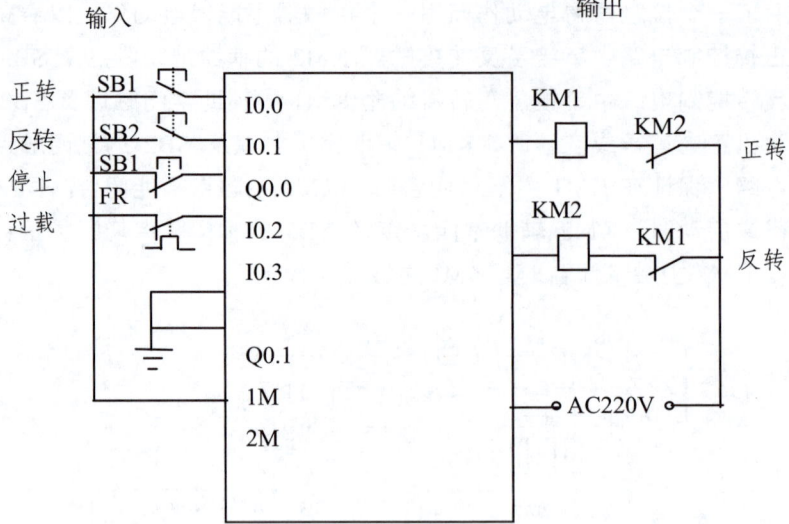

图 5.11　输入输出配置及外部接线图

（三）梯形图程序

电动机正反转控制电路的梯形图程序如图 5.12 所示。

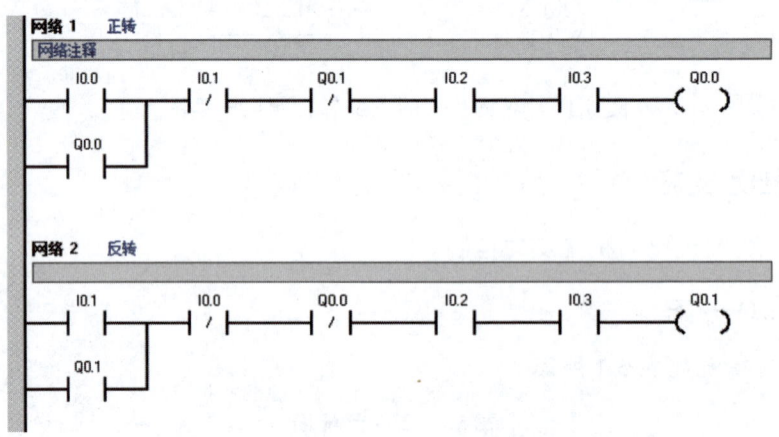

图 5.12　电动机正反转控制电路梯形图程序

（四）系统调试

（1）完成电动机正反转控制电路接线，检查、确认接线正确与否。

（2）输入并运行程序，监控程序运行状态，分析程序运行结果。

习题思考题

1. 使用 PLC 实现带延时的电动机正反转控制电路。

控制要求：按下启动按钮 SB1，电动机正转，延时 10s 后，电动机反转；按下启动按钮 SB2，电动机反转，延时 10s 后，电动机正转；电动机正转期间，反转启动按钮无效，电动机反转期间，正转启动按钮无效；按下停止按钮 SB3，电动机停止运转。

任务三　交通信号灯控制系统的设计与调试

学习目标

（1）掌握交通灯控制系统的硬件接线及控制原理。
（2）熟悉时序图设计法，并能进行 PLC 程序设计。
（3）初步具备对交通灯控制系统的设计能力。
（4）初步具备对交通灯控制系统的调试能力。

一、任务导入

一般十字路口的交通灯控制要求如下：合上启动开关 SD，东西绿灯亮 20s 后灭，黄灯亮 5s 后闪 5s 灭，红灯亮 30s 后绿灯又亮 20s 后灭，依次循环；分别对应东西方向绿、黄、红灯亮的情况，南北红灯亮 30s，接着绿灯亮 20s 后灭；黄灯亮 5s 后闪 5s 灭，红灯又亮并循环，当断开开关 S 后，系统停止。

二、相关知识

THPFSM-1/2 实训装置 11A 实训挂件面板如图 5.13 所示。

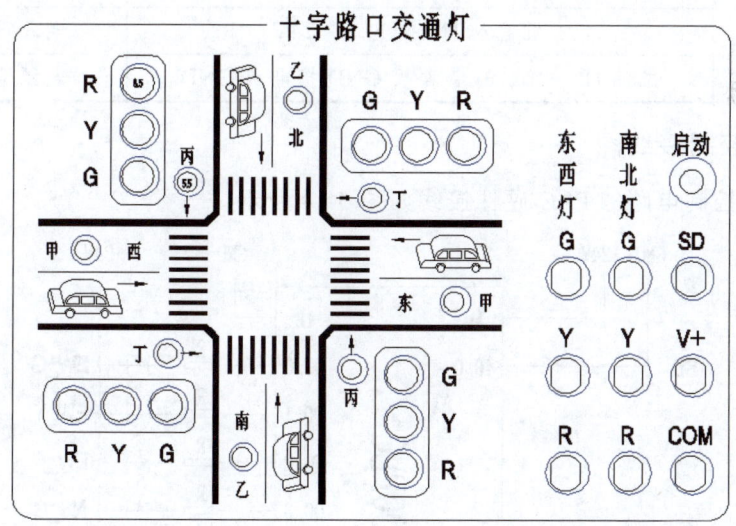

图 5.13　THPFSM-1/2 实训装置 11A 实训挂件面板

三、任务实施

（一）实训器件

实训器材如表 5.2 所示。

表 5.2 实训器材

序号	名　称	型号与规格	数量	备注
1	可编程控制器实训装置	THPFSM-1/2	1	
2	实训挂箱	A11	1	
3	实训导线	3 号	若干	
4	PC/PPI 通讯电缆		1	西门子
5	计算机		1	自备

（二）I/O 端口分配功能表

I/O 端口分配功能表如表 5.3 所示。

表 5.3　I/O 端口分配表

序号	PLC 地址（PLC 端子）	电气符号（面板端子）	功能说明
1	I0.0	SD	启动
2	Q0.0	东西灯 G	
3	Q0.1	东西灯 Y	
4	Q0.2	东西灯 R	
5	Q0.3	南北灯 G	
6	Q0.4	南北灯 Y	
7	Q0.5	南北灯 R	
8	主机输入 1M 接电源 +24V		电源正端
9	主机 1L、2L、3L、面板 GND 接电源 GND		电源地端

（三）控制接线图

交通灯控制电路的 PLC 硬件接线如图 5.14 所示。

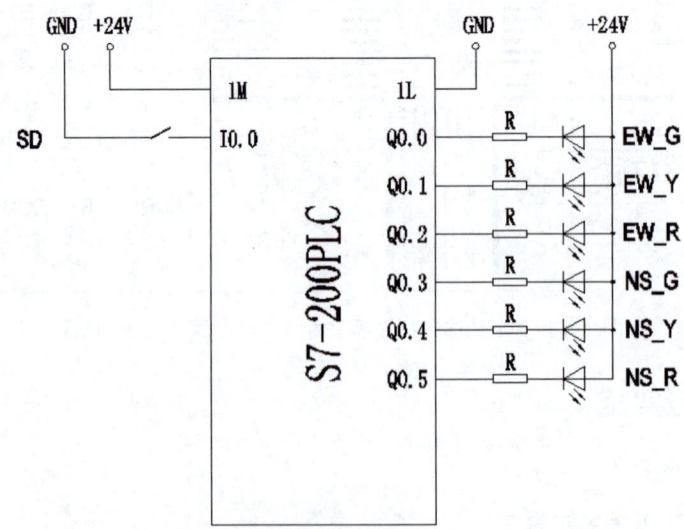

图 5.14　交通灯控制电路的 PLC 硬件接线

（四）设计梯形图程序

十字路口的交通灯控制电路梯形图程序如图 5.15 所示。

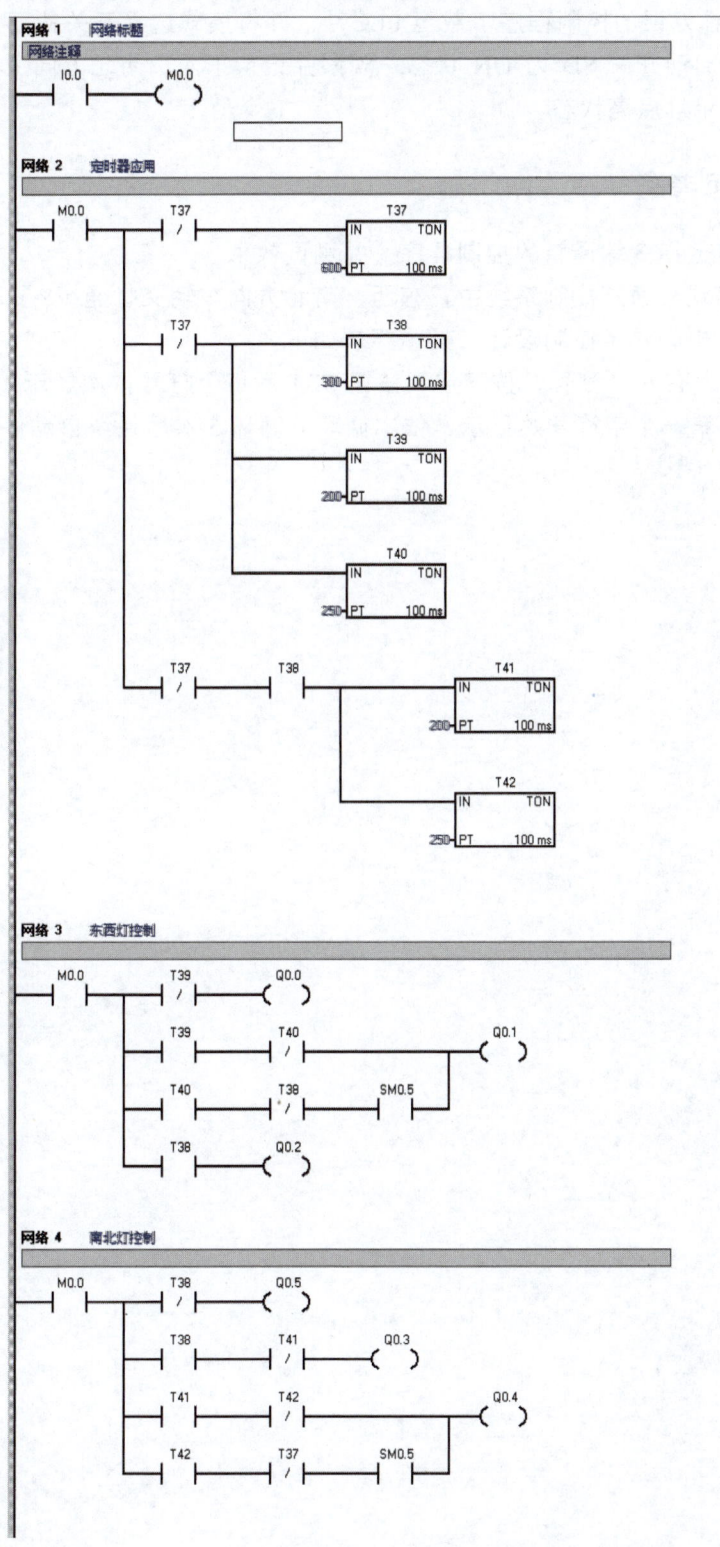

图 5.15 交通灯控制电路梯形图程序

（五）系统调试

（1）按控制接线图连接控制回路。

（2）将编译无误的控制程序下载至 PLC 中，并将模式选择开关拨至 RUN 状态。

（3）拨动启动开关 SD 为 ON 状态，观察并记录东西、南北方向主指示灯及各方向人行道指示灯点亮状态。

习题与思考题

1. 利用其他指令编译新的控制程序，并测试效果。
2. 如何实现交通灯控制系统中，东西、南北方向车辆交替通行？
3. 进行广告牌显示控制设计，具体要求如下：

其广告牌上有 6 个符号，按下启动按钮 SB1 后每个符号依次显示 10s，然后全灭，2s 后再从第一个字符开始显示，依次循环。循环 5 次后系统自动停止。

参考文献

[1] 隋媛媛,廉鸿帅,迟军. 西门子系列 PLC 原理及应用[M]. 北京：人民邮电出版社，2007.

[2] 严盈富. 监控组态软件与 PLC 入门[M]. 北京：人民邮电出版社，2006.

[3] 赵景波,等. 零基础学西门子 S7-200 PLC[M]. 北京：机械工业出版社，2010.

[4] 熊琦,等. 电气控制与 PLC 原理及应用[M]. 北京：中国电力出版社，2008.

[5] 李辉. S7-200 PLC 编程原理与工程实训[M]. 北京:北京航空航天大学出版社，2008.

[6] 孙平. 可编程控制器原理及应用[M]. 北京：高等教育出版社，2003.

[7] 陈忠平,等. 西门子 S7-200 系列 PLC 自学手册[M]. 北京：人民邮电出版社，2008.

[8] 廖常初. S7-200 PLC 基础教程[M]. 北京：人民邮电出版社，2005.